# 你的不自律
# 正在慢慢毁灭你

管坤
Guan · Kun
【著】

台海出版社

图书在版编目(CIP)数据

你的不自律,正在慢慢毁灭你 / 管坤著. — 北京:台海出版社,
2017.9

ISBN 978-7-5168-1565-6

Ⅰ. ①你… Ⅱ. ①管… Ⅲ. ①情绪–自我控制–通俗
读物 Ⅳ. ①B842.6–49

中国版本图书馆 CIP 数据核字(2017)第 228462号

**你的不自律,正在慢慢毁灭你**

著  者:管 坤

责任编辑:高惠娟  贾凤华

装帧设计:芒 果        版式设计:通联图文

责任校对:王 杰        责任印制:蔡 旭

出版发行:台海出版社

地  址:北京市东城区景山东街 20 号    邮政编码:100009

电  话:010-64041652(发行,邮购)

传  真:010-84045799(总编室)

网  址:www.taimeng.org.cn/thcbs/default.htm

E－mail:thcbs@126.com

经  销:全国各地新华书店

印  刷:北京柯蓝博泰印务有限公司

本书如有破损、缺页、装订错误,请与本社联系调换

开  本:710mm×1000 mm        1/16

字  数:160 千字            印  张:14.25

版  次:2017 年 10 月第 1 版      印  次:2017 年 10 月第 1 次印刷

书  号:ISBN 978-7-5168-1565-6

定  价:38.00 元

# 前 言

节食两天后，你放弃了，吃了一大块巧克力蛋糕；

你下定决心这个月一定要将计划书做出来，然而直到月末你还只字未写；

你发誓不到午饭时间绝不刷朋友圈，但才到10点，你就打破了誓言。

……

上面的情景你是不是觉得很熟悉？或许你也曾暗自下决心要变得更自律。

或许你确信自己只需再坚持一下就行了，但是你没有。

或许有时你也会懊恼，因为你知道，你的不自律，正在慢慢毁掉你。

自我控制能力是自我意识的组成部分。它是个人对自身的心理和行为的主动掌握，是个体自觉地选择目标，在没有外界监督的情况下适当地控制、调节自己的行为，是抑制冲动、抵制诱惑、延迟满足、坚持不懈地保证目标实现的一种综合能力。良好的自控能力更是一个成熟的人能够融入社会的最主要因素。

如果一个人缺乏自律精神，没有自控能力，干什么都无所谓，势必一事无成；相反，如果一个人做什么事情都能自我约束、仔细认真、精益求精，成功则指日可待。

一个人的自律程度会影响他的品格，从而影响其日后的发展。有些青年品性优良，但不注意自己的习惯，觉得那些不良行为无伤大雅，而毫不在意。久而久之，他们可能会因为那些陋习，而被他人排挤。这时候他们可能会懊悔起来，开始反思。但是，这时再懊悔又有什么用呢？

现代社会不讲暴力讲脑力。真正优秀的人，以做事为主，会控制情绪，发挥最大的能力。那些能干的人并不是没有情绪，他们只是懂得自控，不被情绪所左右。"怒不过夺，喜不过予"，内心充满自信与魄力。没有人天生就懂得控制情绪。真正智慧的人，懂得要时刻努力走出坏情绪的影响。

中国古人就懂得许多自控方法。

比如像孔子，直接就是"恕"字待之，恕己恕人。

清代作家李渔的方法是写字："予无他癖，唯有著书。忧籍以消，怒籍以释。"

郑板桥在官场被排挤、郁郁不得志时，就提笔画竹。他画完之后，心里舒坦了，画艺也越发纯熟，一举两得。

……

本书通过选取贴近我们日常生活的素材，以质朴、活泼的方式来分析原因并提出解决办法，从而帮助读者从实际情况出发，对工作、生活中的情绪问题进行分析，找出解决对策，以利于读者理解情绪管理，学会合理控制情绪，成为生活中的智者，工作中自律的能人。

# 目 录

➡

CONTENTS

1

## 六、熬夜不代表你努力，只是你管不好自己的时间

剧情再荒谬的电视剧，我们也要拿起遥控器从头看到尾。忘记了打扫房间、草草地吃完谈不上健康的晚餐，然后等到了很晚才上床睡觉。只有这一刹那，我们才突然想到，今天晚上的时间全都虚度了。于是，我们告诉自己，明天不能这样看电视了，但第二天我们依旧如此。

## 七、你连自己都不相信，又怎么能管好自己

做任何事情，首先要相信"我可以"，然后再着手去做，当然，这个过程中你的努力也很重要，但是前提是你一定要先相信自己，否则又如何能管理好自己？

## 八、你的欲望，正在慢慢毁掉你

不要每天暗自忧伤为什么别人都是千万富翁，而自己却赚得那么少。每个人都有每个人的活法，千万富翁有千万富翁的烦恼，清贫者有清贫者的快乐，最重要的是活得自在。如果你控制不好内心的杂念，管理不好多余的欲望，你的生活永远不可能轻松自在。

## 九、保持傻瓜式的坚持，自控力是训练出来的

一百个想法不如一个有期限的决定，调整好自我状态，管住那些最容易被忽视的习惯动作，打一场提升自控力的持久战，保持傻瓜式的坚持，直到跨过临界点。

# 为了做到自控，先弄清楚你为何失控

自信能抵制诱惑的戒烟者最容易在 4 个月后故态复萌，过于乐观的节食者最不容易减肥成功。这是为什么呢？自知之明是自控的基础。认识到自己的意志力存在问题，是自控的关键。

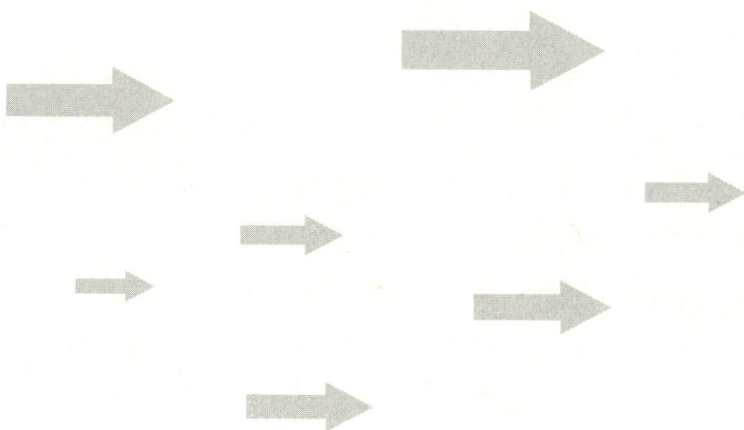

# 先认识自己，才能成为自己

要想发现自己的优势，首先就要充分地认识自己。当你认识了自己的时候，才会发现自己有很多的优点，才能真正做到把自己的优势挖掘出来，并将其发挥得淋漓尽致。

美国跳水运动员格雷格·洛加尼斯刚上学的时候很害羞，在讲话和阅读上遇到了困难，为此他受到同伴的嘲笑和捉弄。这令洛加尼斯非常沮丧和懊恼，但他发现自己非常喜欢并且精通舞蹈、杂技、体操和跳水。他知道自己的天赋在运动方面而不是学习。当认清这些之后，他开始专注于舞蹈、杂技、体操和跳水方面的锻炼，以期脱颖而出，赢得同学们的尊重。由于他的天赋和努力，他开始在各种体育比赛中崭露头角。

在上中学时，洛加尼斯发现自己有些力不从心了，因为无论是舞蹈、杂技、体操、跳水，都需要辛勤的付出，但他不可能有时间和精力去做这么多事。他知道自己必须要有所舍弃了，只能专注于一个目标。但他不知要舍弃什么、选择什么。这时，他幸运地遇到了他的恩师乔恩——一位前奥运会跳水冠军。经过对洛加尼斯的观察和询问后，乔恩得出结论：洛加尼斯在跳水方面更有天赋。洛加尼斯在经过与老师的详细交谈后，认为自己的确更喜欢跳水。他认识到自己以前之所以喜欢舞蹈、杂技、体操，是因为这些可以使他在跳水时更得心应手，可以为跳水带来更多的花样和技巧。他恍然大悟，于是专心投入到跳水练习中去。

经过专业训练和长期不懈的努力，洛加尼斯终于在跳水方面取得了骄人的成绩。由于对运动事业的杰出贡献，洛加尼斯在1988年获得年度运动员奖，达到了一个运动员荣誉的顶峰。

从洛加尼斯的例子中我们可以知道，一个人要实现自己的人生价值，就得正确地认识自己。我们的成功是融合了天赋才能、环境背景、技术及生活经验的。不可否认，我们经常是根据经济需求及家庭因素来决定人生的方向。不过，如果想要以最有效的方式来开创生活，就必须尽早地发掘我们身上的天赋才能，而且越早发现越好。

在希腊帕纳索斯山南坡上，有一个驰名古希腊的德尔菲神庙。在神庙入口的石头上刻着一句话，用现代话来说，就是：认识你自己。古希腊哲学家苏格拉底经常引用这句格言，后世人们认为这是他讲的话。但在当时，人们则认为这句格言是阿波罗神的神谕。这其实是家喻户晓的一句民间格言，是希腊人民的智慧结晶，后来才被附会到大人物或神灵身上去的。两三千年前的这句格言直到今天对人们来说还有着同样重要的意义，它时刻提醒着人们认识自我、把握自我、实现自我。

发现你的优势的关键就是要认清你自己。只有当你认识自己之后，你才能客观地评价和正确对待你自己的优点和缺点。你知道自己行为上的不足之处以及情感上的缺陷，才能想方设法来克服这些不足——取人之长，避己之短。

曾经有位52岁的先生找著名的演说家诺曼·文森特·皮尔咨询。他的意志极为消沉，表现出极端的绝望。他说他"全完了"，他告诉皮尔，他一生费尽心血建立的一切全都成了泡影。

皮尔看到他充满绝望的眼神非常同情，决心帮助他重新鼓起生活的信心和勇气。皮尔对这位先生说："现在我们拿一张纸，写下你剩余的财产还有哪些？"

"没有了，"那个灰心的先生叹了口气说，"我什么都没有剩下。"

皮尔并未放弃，于是问他："你太太还跟你在一起吗？"

"她当然还跟我在一起，而且我们感情还很好。我们结婚30年了，不管事情有多糟，她都不会离开我。"那人回答。

皮尔又接着问："很好，我把这个记下来——太太还跟你在一起，而且不管发生什么事，她都不会离弃你。那么你的儿女呢？你有小孩吗？"

"有啊！"他答道，"我有3个子女，也都很棒。他们会一起到我面前说：'爸爸，我们爱你，我们会一直和你站在一起。'我每次都被感动得不行。"

"那么，"皮尔说，"这就是第二项了——3个爱你、愿意站在你身旁的子女。你有朋友吗？"

"有，"他说，"我真的有几个很不错的朋友。我必须承认他们和我的关系一直都不错。他们会来看我，然后说他们想要帮我，但是他们能够帮什么呢？他们什么都帮不了。"

"那就有第三项了——你有一些愿意帮你而且尊重你的朋友。那么，你是否正直、诚实呢？你有没有做过什么错事？"

"我的正直、诚实没有问题，"他回答，"我一直坚持走正道。"

"很好。"皮尔说，"我们把这个列入第四项——正直、诚实。那么你的健康状况呢？"

"还不错，"他回答说，"我很少生病，我想我的身体状况应该不错。"

"现在我们又可以记下第五项了——身体状况不错。"皮尔说，"现在，我们把列出的资产看一遍：

一个好太太——结婚30年；
3个忠实的子女，愿意站在你的身边；
愿意帮助你并尊重你的朋友；
正直、诚实——没什么羞耻的地方；
身体状况不错。"

皮尔把这张写好生命资产的纸递给他，说："看看这个，我想你有不少资产呢！你并不是你自己所想象的那样一无所有。"

这个灰心丧气的人看到纸上列举的资产，感到自己真的并不像想象的那么糟糕。"我想我当时大概没想到这些东西吧！我没有想到从这个角度来看事情。或许事情还不算太糟，或许我可以重新来过。"之后，他从失望和颓废中走了出来，东山再起。

生活遭受的打击、复杂的问题会使你的能量枯竭，使你感到沮丧、筋疲力尽。在这样的情况下，你的力量是晦暗不明的。人们往往沉浸于这种受主宰的沮丧之中。这时候，你必须再次评价你生命的资产。只要你有合理的态度，这个评定会让你知道你并不真像自己想的那么失败。

每个人都有一笔丰富的资产，如果你不善于去发现它，运用它，它就沉睡在被人遗忘的角落。把你的优势列成一张清单，会让你感到自己并非一无所有，会让你看到自己的生活中还有无穷的、可以支持你的力量。只要你把自己所有的优势都清点起来，你会发现，你还有很多可以运用的资本。

# 与其在想象中肆虐，不如在行动中解决

有时困难在想象中会被放大一百倍，然后很多人因为相信这些困难不可克服而退缩。事实上，走出了第一步，你就会发现那些麻烦与困难并不是想象中那么难以克服，有时只是自己吓自己。

琼斯大学毕业后如愿进入当地的《明星报》任记者。这天，他的上司交给他一项任务：采访大法官布兰代斯。

第一次接到重要任务，琼斯不是欣喜若狂，而是愁眉苦脸。他想：自己任职的报纸又不是当地的一流大报，自己也只是一名刚刚出道、名不见经传的小记者，大法官布兰代斯怎么会接受他的采访呢？同事史蒂芬获悉他的苦恼后，拍拍他的肩膀，说："我很理解你。让我来打个比方——这就好比躲在阴暗的房子里，然后想象外面的阳光多么的炽烈。其实，最简单有效的办法就是往外跨出第一步。"

史蒂芬拿起琼斯桌子上的电话，查询布兰代斯的办公室电话。很快，他与大法官的秘书取得了联系。接下来，史蒂芬直截了当地道出了他的请求："我是《明星报》新闻部记者琼斯，我奉命采访法官，不知他明天能否接见我呢？"旁边的琼斯吓了一跳。

史蒂芬一边打电话，一边不忘抽空向目瞪口呆的琼斯扮个鬼脸。接着，琼斯听到了他的答话："谢谢你。明天下午1点15分，我准时到。"

"瞧，直接向人说出你的想法，问题不就迎刃而解了吗？"史蒂芬向琼斯扬扬话筒，"明天下午1点15分，你采访约好了。"一直在旁边看着整个过程的琼斯面色放缓，似有所悟。

多年以后，昔日羞怯的琼斯已成为了《明星报》的台柱记者。回顾此事，他仍觉得刻骨铭心："从那时起，我学会了单刀直入的办法，做来不易，但很有用。而且，第一次克服了心中的畏怯，下一次就容易多了。"

玛丽嫁到这座农场来的时候，那块石头就已经在这里了。石头的位置刚好位于后院的屋角，而且是一块形状怪异、颜色灰暗的怪石。它的直径大约一公尺，从屋角的草地里凸出将近两厘米。如果不小心的话，随时都有可能被它绊倒。

有一次，当玛丽使用割草机清除后院的杂草时，不小心碰到了那块石头，割草机高速旋转的刀片就这样被碰断了。因为常常造成不便，所以玛丽就对丈夫说："能不能想个办法，把这块石头挖走呢？"

"不可能挖起来的。"丈夫这么回答。

玛丽的公公也随声附和说："这块石头埋得很深，从我小时候，这块石头就在这里了，从来没有人尝试把它挖起来。"

于是，玛丽从此就放弃了搬走这块石头的想法。年复一年，玛丽的孩子们出生，然后孩子们逐渐长大，玛丽的公公去世了，到最后，玛丽的丈夫也去世了。

丈夫的葬礼过后，玛丽决心要好好活下去，她开始打起精神清理房子。她看见了院子里那块石头，因为它的关系，周围的草坪始终无法良好生长。

玛丽想，无论如何也要把这块石头搬走，于是她找出了铁铲和手推车，叫来了自己的孩子们，这时候她的孩子们都已经成家并有了孩子。

玛丽告诉孩子们这块石头很难搬走，需要大家一起努力，于是，一家人在吃了早饭后，聚在院子里，准备花上一整天的时间挖走这块石头。

可是，让人意想不到的事发生了，才过了十几分钟，石头就已经开始松动，而且一会儿工夫就被挖了出来！老天，这块石头在这里待了不知多少年了，曾经被几代人都认定没办法移动，实际上只不过埋了几十公分深而已！

如果玛丽没有亲自动手去试一试，这块石头难挖的"神话"或许就这么继续流传下去了。

每个人都知道在完成自己的目标之前，多多少少都会遇到困难，但不是每个人在碰到困难时都会思考：这个困难，到底算不算是"困难"？

困难到底是不是困难，必须动手去做才会知道。如果你只会在一旁空想，那么这个世界对你而言，将会是个被重重"困难"包围的可怕环境，而你，永远也无法破除困难，再进一步！

所以，面对困难要有理智的态度和全面的权衡，别把困难在想象中放大。

# 放弃太早，你永远不知道自己错过了什么

人生就像是长距离的赛跑一样，除了冲劲外，还要有毅力，每一次竞赛，不到最后一秒钟，谁也没有把握判断自己能否夺冠，所以，暂处低谷时，不必自暴自弃，更要不断地努力，才能有获胜的契机。

惠灵顿曾经被他的母亲认为是一个笨孩子。在伊顿公学校时，他被称为笨蛋、白痴、弱智，他在那里被列为最差劲的学生。因为惠灵顿什么都不懂，所以人们认为他什么都得从头学。他没有表现出任何天赋，也没有表现出任何要参军的意愿。在惠灵顿的父母和老师的眼里，他那勤奋和坚毅的性格特征是对他的缺陷的唯一补偿。但是，在46岁那年，他战胜了"战无不胜"的拿破仑。

清朝康熙年间，浙江有个读书人，精通史学，写得一手好字，但是在穷乡僻壤的家乡没有发展，因而穷困潦倒，最后不得不前往城市寻找机会碰碰运气。在举目无亲的情况下，为了填饱肚子，这个读书人只好在路边摆起了摊子，以卖字画为生。有一天有位朝廷大臣的管家经过，看见他的字写得很好，便请他回家当孩子的教书先生。有一天朝中大臣急于想写几封重要的信函，却找不到代笔之人，遂由管家把他找来应急。

他不但把信写得很流畅，字也写得很漂亮，大臣便把他留在身边担任文书工作。不久，康熙皇帝发现了他的才华，破格授予他官职，又因表现突出，这名读书人一路平步青云，升官连连。

这个从乡下来的穷书生从未想到过自己会有后来的际遇。如果，当时他对自己的前途失去信心，而因此对自己早下结论，那么，他的一生有可能就是老死乡间、碌碌无为了。

我们的人生旅程，就像季节有着寒暑一样，也会有冷暖交替的变化。情场失意、工作不得志、与家人无法沟通，甚至是在同事中不被认同……我们可能因为无法得到他人或是自己的认可而陷入低潮。等到清醒过来的时候，会觉得当时的行为实在幼稚，或是责备自己曾经是那么莽撞、轻率乃至无知。于是，我们就这样在低潮与清醒中来回摇摆，到了最后还是回到原点，几乎没有任何的突破与成长。

人在顺境时得意是自然的事情，但是能在低潮中苦中寻乐，或是让心情归于平静去认识自己，才能帮助自己随着经验的累积而成长。

当我们处在低潮时，其实正是好好反省、重新认识自己的时候，没有真正的深思和反省，就不会有透彻的认知和领悟。有人尝试着看了许多书，也听了许多朋友的分析、建议。到了最后，还是说："书上写的、朋友说的我都懂，不过，懂是一回事，能不能做到又是另外一回事！"他们畏惧改变或者不耐于等待，最终错失了反省自己的机会。

很多有才气的人就像是蒙尘的珍珠，在没有成功之前，总是受到别人的欺凌和轻视，但是，千里马终会有遇到伯乐的一天。

犹太人说，这世界上卖豆子的人应该是最快乐的，因为他们永远不必担心豆子卖不完。

犹太人为什么不怕豆子卖不完？

假如他们的豆子卖不完，可以拿回家去磨成豆浆，再拿出来卖给行人。如果豆浆卖不完，可以制成豆腐。豆腐卖不成，变硬了，就当作豆腐干来卖。而豆腐干卖不出去的话，就把这些豆腐干腌起来，变成腐乳。

还有一种选择是：卖豆人把卖不出去的豆子拿回家，加上水让豆子发芽，几天后就可改卖豆芽。豆芽如果卖不动，就让它长大些，变成豆苗。如豆苗还是卖不动，再让它长大些，移植到花盆里，当作盆景来卖。如果盆景卖不出去，那么再把它移植到泥土中去，让它生长。几个月后，它结出了许多新豆子。一颗豆子现在变成了上百颗豆子，想想那是多划算的事！

一颗豆子在遭遇冷落的时候，可以有无数种精彩的选择，一个人更是如此。在我们的生活中，读书的时候能力强、功课第一名的优等生，走入社会后，不一定能和在学校时一样，事事顺心、样样名列前茅。而在学校表现普通的学生，走入社会后，也有成就傲人或是出类拔萃之辈。

所以对别人或自己都不必太早下结论，也不必太早放弃自己的想法。否则，你永远不知道自己错过了什么。

# 再试一次！最坏不过是留在原地

跌跤并不是可耻的事，而是迈向成功的另一次机会。重要的是能以勇气、决心和乐观的心境继续努力。经验告诉我们，持续地用力敲门，这扇门最终总会敞开的。

松下先生曾讲过自己的一段经历："当我辞掉电灯公司检查员的工作去独立创业时，身上只剩下70元钱了。刚开始的时候，生产出来的东西，不但没有人买，甚至连寄售的地方都找不到，当时真后悔离开原来那家公司。后来，由于资金用尽，只好将部分衣物拿去典当，以便'再试一次'。幸好有那一次的尝试，才有了今天的局面。在后来的工作中，我遭受过无数次的挫折，我也重复地拿出'再试一次'的精神。终于在'再试一次'又'再试一次'的积累下，造就了现在的松下产业。"

很多人都知道凡尔纳是一位世界闻名的法国科幻小说作家，但很少有人知道，凡尔纳为了发表他的第一部作品，曾经遭受过多大的挫折！

这里记录的就是凡尔纳的一段难忘的经历：

1863年冬天的一个上午，凡尔纳刚吃过早饭，正准备到邮局去，突然听到一阵敲门声。凡尔纳开门一看，原来是一个邮政工人。工人把一包鼓鼓囊囊的邮件递到了凡尔纳的手里。一看到这样的邮件，凡尔纳就预感不妙。自从几个月前他把第一部科幻小说《乘气球五周记》的手稿寄到各出版社后，收到这样的邮件已经是第14次了。他怀着忐忑不安的心情拆开一看，果然如他所料，这是他被退回来的手稿，里面附了一封退稿信，只见上面写道："凡尔纳先生：尊稿经我们审读后，不拟刊用，特此奉还。某某出版社。"每看到这样一封退稿信，凡尔纳心里都是一阵绞痛。这次是第15次了，稿件还是未被采用。

凡尔纳此时已深知，那些出版社的"老爷们"是如何看不起无名作者。他愤怒地发誓，从此再也不写了。他拿起手稿向壁炉走去，准备把这些手稿付之一炬。凡尔纳的妻子赶过来，一把抢过手稿紧紧抱在胸前。此时的凡尔纳余怒未息，说什么也要把稿子烧掉。妻子急中生智，满怀关切地安慰丈夫："亲爱的，不要灰心，再试一次吧！也许这次能交上好运的。"听了这句话以后，凡尔纳抢夺手稿的手，慢慢放下了。他沉默许久，然后接受了妻子的劝告，又抱起了这一大包手稿到第16家出版社去碰运气。

这次没有落空，读完手稿后，这家出版社立即决定出版此书，并与凡尔纳签订了20年的出版合同。

没有凡尔纳妻子对他的疏导，没有"再试一次"的勇气，我们也许根本无法读到凡尔纳笔下那些脍炙人口的科幻故事，人类就会失去一份极其珍贵的精神财富。

通往成功的路上荆棘密布，但要用自己的力量去缓解受挫的苦痛。心理学家先驱艾尔费烈德·艾德勒说："你愈不把困难当成一回事，困难愈不能把你怎么样，只要能保持个人心态的平和，就一定能够取得成功。"大多数人第一次骑单车都会跌倒，但是我们都会再次跨上单车，并最终战胜困难。

一个人无论遇到了多大的困难，只要他一直保持"再试一次"的勇气，一定会接近成功。

世界著名科学家、大西洋海底第一条电缆的设计者威廉·汤姆逊教授曾说："有两个字最能代表我50岁前在科学进步上的奋斗，这就是'失败'……失败当然会产生忧虑，可是对于从事科学研究的人，天赋的才能常会带来一种特别的兴致，借此使他不致十分失望，也许反会使他的日常生活格外快乐。"

我国古代科学家张衡发明地动仪时，曾遭到当时朝廷政治上的打击，张衡遭到贬职，别人也嘲笑他搞科学是不务正业，但他不为功名利禄和嘲笑讽刺所动摇。

当艾利斯·赫利还是一个尚未成名的文学青年时，在4年中他每周都能收到一封退稿信。后来艾利斯几欲停止写作《根》这部著作，并自暴自弃。如此9年，他感到自己壮志难酬，于是准备跳海，了其一生。当他站在船尾，看着波浪滔滔，正欲跳海，忽然他听到心底有个声音在呼唤："你要做你该做的，切勿放弃！"在以后的几周里，《根》的最后部分终于完成了。

很多成功的人都经历过政治的落魄、家庭的不幸、理想的破灭、家庭的悲剧、身体的伤残、世俗的妒忌、人情的冷漠等逆境。周文王拘而演《周易》、孔仲尼扼而作《春秋》、孙子脚膑《兵法》修列、司马迁受"腐刑"作《史记》、为写不朽的长诗《失乐园》和《复乐园》弥尔顿双目失明、为了写出流传世界的名著的海涅身患重疾等等。

有人专门研究过国外293个著名文艺家的传记，发现有127人在生活中遭遇过重大的挫折。可见挫折是客观存在的，关键在于我们怎样认识它和对待它。如果对挫折没有正确的认识，遇到挫折就会惊惶失措；如果有了正确的挫折观，认识到挫折是人生中不可避免的一部分，就能把挫折当作进步的阶梯。

挫折是生活中的组成部分，每一个人都会遇到。不是遇到这种不幸，就是遇到那种厄运；不是遇到大坎坷，就是遇到小麻烦。虽然我们不欢迎挫折，不喜欢挫折，但又总是躲避不开它。

许多著名的科学家、文学家和政治家大都是在逆境中坎坷中磨砺过来的，人类创造文明与进步的事业，无不经过挫折与失败。正所谓"宝剑锋从磨砺出，梅花香自苦寒来"。

挫折会给人以打击，带来损失和痛苦，但也能使人奋起、成熟，从中得到锻炼。挫折既有消极的一面，也有积极的一面。

大化学家汉弗莱·戴维在分解钾、钠等碱金属的时候，在最后一次实验中，发生了意外爆炸，他的脸被炸伤，左眼也失明了，但实验获得了最后的成功。后来他说："感谢上帝没有把我造成一个灵巧的工匠，我的最重要的发现是由失败给我的启发。"戴维是从失败之树上摘取了胜利之果，伴随着不断的失败，他得到了最后的成功。

富兰克林的电学论文当年曾被科学权威不屑一顾，皇家学会刊物也拒绝刊登；第二篇论文又遭到皇家学会的一阵嘲笑。他的论文被朋友们设法出版后，因论点与皇家学院院长的理论针锋相对，富兰克林遭到这位院长的人身攻击。但富兰克林没有被挫折吓倒，没有放弃自己的科学信念，而是更积极地投入实验，以实践来证实自己的理论——他冒着巨大的生命危险进行了风筝攫电的有名实验，最后终于获得了成功。他的著作被译成德文、拉丁文、意大利文，得到了全欧洲学术界的认可。

美国作家朗科维克，在他参加完越战回美国时，已经是坐在轮椅上的残障者。然而他并没有因为在越南战场上的失败而痛不欲生，他写的自传《生于七月四日》，被导演奥利弗·斯通搬上银幕，成为成功的影片。

医学博士乔纳斯·索尔克，经过201次实验发现了脊髓灰质炎（俗称小儿麻痹症）的疫苗，结束了这一病症对人类的肆意蹂躏。有一次人们问他："你取得了如此卓越的成就，彻底结束了脊髓灰质炎对人类的肆虐，你是怎么看待先前的200次失败的呢？"

索尔克博士这样回答："我这一生中从来没有经历过200次失败。我们家的字典上没有'失败'这个词。前200次尝试增加了我的经验，让我学到很多东西。实际上，我做了201次探索，没有前200次的学习，我不可能得到这样的结果。"

生活中的挫折和磨难，并不都是坏事。挫折可以激发人的进取心，促使人为改变境遇而奋斗，它能磨炼人的性格和意志，增强人的创造能力和智慧，使人对所面临的问题能有更清醒、更深刻的认识。

成就事业的过程恰恰也就是战胜挫折的过程。强者之所以为强者，不在于他们遇到挫折时根本没有消沉和软弱过，而恰恰在于他们善于克服自己的消沉和软弱。正如奥斯特洛夫斯基所言："人的生命似洪水在奔腾，不遇着岛屿和暗礁，难以激起美丽的浪花。"

# 对一艘盲船来说，所有方向的风都是逆风

无论从哪条路走，我们都可以走很远、很远，关键是，我们到底要到哪里去，目标在哪里。所以，我们要有明确的目标、方向。

有一天，父亲带三个儿子到草原上猎杀野兔。在到达目的地一切准备得当开始行动之前，父亲向三个儿子提出了一个问题："你看到了什么？"

老大回答道："我看到了我们手里的猎枪、在草原上奔跑的野兔还有一望无际的草原。"

父亲摇摇头说："不对。"

老二的回答是："我看到了爸爸、大哥、弟弟、猎枪、野兔，还有无边无际的草原。"

父亲又摇摇头说："不对。"

而老三的回答只有一句话："我只看到了野兔。"

这时父亲才欣慰地说："你是合格的猎人。"

有奋斗目标和没有奋斗目标的人生活是不一样的。有句话说得很好"没有方向，什么风都不是顺风"，一个人没有自己的理想和奋斗目标，那他的人生是低迷的、消沉的，他会觉得活着没有意义。而如果一个人有了自己的理想和奋斗目标，他会整天精力很旺盛地为自己的理想和目标去奋斗，会觉得活着真好。

种子，它有自己的奋斗目标，被埋在地下，它知道竭尽全力往上突破。

农夫，他有自己的奋斗目标，春天的辛勤耕耘，为的是秋天那希冀的收获。

园丁，他有自己的奋斗目标，是播下智慧的种子、希望的种子，引领学子开启未知的大门，打开科学的大门。

人生是漫长的，要知道自己身处何处，那需要我们树立崇高的理想和奋斗目标，用执着的信念去奋斗、去追寻、去拼搏。

成功者都会为一个具体而明确的目标全力以赴，竭尽所能。所有伟大的或成功的人物，都是以一项具体而明确的目标作为奋斗的基础。

海伦·凯勒一生专注于学习写作，尽管她从小就失聪失明，但她最终成为世界著名的作家之一。惠特曼一生致力于写一本叫《草叶集》的书，结果成为美洲最伟大的诗人之一。乔治·派克一生致力于生产世界上最好的钢笔。虽然他仅在美国一个小镇上开始他的事业，却能使他的产品行销全球，即使今天，派克牌钢笔依然是世界上最著名的钢笔；亨利·福特一生致力于生产廉价小轿车，虽然他只受过4年小学教育，而且白手起家，但他的努力使他成为那个时代最富有的人。比尔·盖茨要让所有的人都用上电脑，他靠一个小小的"视窗"就征服了全世界……

只有那些有具体而明确目标的人，才会时时受人尊敬和注目，才会成就伟大的事业。而那些没有明确目标的人，有时连马路也过不了。

前美国财务顾问协会的总裁刘易斯·沃克曾接受一位记者采访，采访内容为稳健投资计划的基础问题。他们聊了一会儿后，记者问了一些采访内容之外的问题："到底是什么因素阻碍了你无法成功？"沃克回答："模糊不清的目标。"

记者请沃克作了进一步解释。

沃克说："我在几分钟前就问你'你的目标是什么？'，你说希望有天可以拥有一栋山上的小屋，这就是一个模糊不清的目标，问题就在'有一天'不够明确，因为不够明确，成功的机会也就不大。如果你真的希望在山上买一间小屋，你必须先找出那座山，找出你想要的小屋现值，然后考虑通货膨胀，算出5年后这栋房子值多少钱。接着你必须决定，为了达到这个目标每个月要存多少钱。如果你真的这么做，你可能在不久的将来就会拥有一栋山上的小屋，但如果你只是说说，梦想可能不会实现。梦想是愉快的，但没有配合实际行动计划的模糊梦想，则只是妄想而已。"

你做任何事都有你的理由吗？在你的一生中，你有过"明确的目标"吗？你的目标是具体、短期的，还是长期、远大的呢？

许多人埋头苦干，却不知道为什么要这样做。盲目地去做，到头来发现追求成功的阶梯搭错了边，却为时已晚。因此我们务必掌握真正的目标，并拟定实现目标的过程，澄明思虑，凝聚继续向前的力量。

除非你有确实、固定、清楚的目标，否则你就不会察觉到内在最大的潜能，你永远只是"徘徊的普通人"中的一个，尽管你可以是个"有意义的特殊人物。"

一个人的目标不明确，就像一艘没有方向的船，永远漂泊不定，只会到达失望、失败和丧气的海岸。

# 莫让"嫉妒"成为"幸运"的敌人

喜欢嫉妒的人，总是容易心怀不满，动辄生气。但是，一直生气有用吗？生气，除了显示了自己气量狭小，无法解决任何问题。因此，与其自己生气，倒不如好好争口气。

　　生性好强的阿瑟·华卡来自美国乡村，现在一家工厂做学徒，他一直很嫉妒那些商界的成功人士。有一天，他在杂志上读了大实业家亚斯达的故事，华卡很嫉妒亚斯达能有这样巨大的成功，但又转念一想，为什么自己要在这嫉妒呢？再怎样嫉妒都不可能像他那样成功，何不向他请教，对他的成功经历了解得更详细些，并得到他的忠告，这样自己或许也能取得成功。

　　有这样的想法与动力后，他跑到了纽约，也不管几点开始办公，早上7点就来到亚斯达的事务所。在第二间办公室里，华卡立刻认出面前这位体格结实、浓眉大眼的人就是亚斯达，这让他兴奋不已。

　　一开始，高个子的亚斯达觉得这少年有点讨厌，然而一听少年问他"我很想知道，我怎么才能赚到百万美元？"时，他的表情变得柔和并微笑起来，两人竟谈了近一个小时。随后亚斯达还告诉华卡该怎样去访问其他实业界的名人。

　　华卡照着亚斯达的指示，遍访了那些曾让他嫉妒的一流的商人、总编及银行家。在赚钱方面，华卡所得到的忠告并不见得对他有所帮助，但是能得到成功者的知遇，给了他自信，他开始化嫉妒为奋进的动力，仿效他们成功的做法。

　　过了两年，这个20岁的青年，成为当初他做学徒的那家工厂的所有者。24岁时，他成了一家农业机械厂的总经理。就这样，在不到5年的时间里，华卡就如愿以偿地赚到了百万美元。后来，这个来自乡村粗陋木屋的少年，又成为一家银行董事会的一员。

　　华卡在以后的创业过程中，一直实践着他年轻时到纽约学到的基本信条：多与比自己优秀的人结交，把嫉妒别人转变为学习别人的长处，以此来帮助自己成功。

　　华卡的做法是值得我们学习的，我们可以把嫉妒对象当作对手，不是向他攻击而是向他挑战、学习。俗话说："只要功夫深，铁杵磨成针。"很多事情别人能干，自己也一样能干，而且可能会做得更好。

每个人都应该是自己人生的建造者。既然生活是自己创造的，心情是自己营造的，就用不着为那些不着边际的琐碎小事生气。择其善者而从之，其不善者而改之，有意识地提高自己的思想认识水平，才是消除和化解嫉妒心理的应有之策。

对于比你强大和能干的人，不仅要有单纯的羡慕和崇拜，更应该抱有一种"我一定会比你强，我一定能超过你"的想法。有了积极正面的思考方式，然后才会带来奋发向上的实际行动。争取做到"后来者居上"，你才能活出生命的精彩。

"嫉妒"一词不同于"羡慕"，善于嫉妒的人总是在打击他人的过程中寻找快乐，以求得心理平衡，而他们自己的生活却搞得一团糟。

学会化解嫉妒，那就是把本能的嫉妒转化为进取的动力，把不平静的心态归于平静，把蔑视别人的目光转到自己的短处上，这样嫉妒就会变成一种催人奋发的动力。

其实我们大可不必嫉妒他人，俗话说，"尺有所短，寸有所长"。每个人都会有长处和短处，为什么要用自己的短处与别人的长处比，自寻烦恼呢？相反，我们可以把嫉妒化成动力，用自己的努力去缩短与别人的差距，甚至超越他人，换成别人对我们的羡慕。

如果一个人很喜欢与别人进行比较，同时又不能对自己做出正确的评价，就会产生嫉妒心理。比较会导致自卑，失去信心，当机会再一次来临时，就会失去尝试的勇气，连超越他人的志气都会化为乌有。

社会交往中嫉妒心理往往发生在双方及多方，因此注意自己的性格修养，尊重与乐于帮助他人，尤其是自己的对手。这样不但可以克服自己的嫉妒心理，而且可使自己免受或少受嫉妒的伤害。同时还可以取得事业上的成功，又能感受到生活的愉悦。

与其嫉妒那些比自己强的人，还不如把嫉妒变为动力，多结交一些比自己强的人，从他们的身上学习成功的经验，提高自己的能力，促使自己成功。

比尔·盖茨说："和那些优秀的人接触，你会受到良好的影响。"然而要与优秀的人物缔结友情，跟第一次想赚百万美元一样，在刚开始的时候是相当困难的。其中的原因并不在于对方的出类拔萃，而在于我们自己的嫉妒之心，不愿友好地进行沟通与交往。

但是我们不得不承认与比自己强的人结交是有益的。

和比自己优秀的人在一起，我们就会下意识地进行比较，容不得自己不如别人，别人行，我一定也行，于是想方设法要超过别人，这样就将嫉妒之心转化为了好强的求胜之心，促使我们能够很快地成长并超越别人。

结交一个优秀的人，比我们作的任何决定都来得重要。因为，借由优秀人士的成功经验、成功模式，能使我们在非常短的时间内，产生非常大的效益。这些优秀人士也把他们失败时所做错的事情告诉我们，他们会让我们省下非常多的时间，走对方向，少走弯路。

看到与自己所嫉妒的人之间的差距，以所嫉妒的人为榜样，为目标，扬长避短，择其善而从之，见其恶而避之，自己努力改进，积极地将嫉妒心理转化为进取的动力，不会让嫉妒使自己的心理不平衡。

同时我们应当认识到，有些事情是不取决于人自身的。如一个人的出身、相貌等，不是想改变就能改变的，因此我们没有理由去嫉妒别人。我们要挖掘己不如人的根源。要弄明白别人到底为什么比自己强。也许，他取得的成绩是努力拼搏的结果，我们自己是不是做得还很不够呢？如果是，我们应当提醒自己加倍努力。

"海不辞水，故能成其大；山不辞石，胡能成其富"，既然已知自己的弱处，既然看到自己与别人的差距，就不该将精力浪费在嫉妒别人之上，而应该知耻而后勇，化嫉妒为拼搏的动力，注意点滴的积累，从今天开始，从脚下开始，不耻下问，不疲请教。"箭欲长而不在于折他人之箭""天外有天，人上有人"，茫茫人海总有人会有一面长于自己，此时我们不应嫉妒他人，而应觉得不甘心，想要比别人强，积极地提高自身的价值与素养。"寇可往，我亦可往"，别人能做到，我为什么不能做到，只有具备这样的思想，才能迎头赶上，进而后来居上。

对别人产生嫉妒并不可怕，关键要看我们能不能正视嫉妒。如果能把嫉妒转化为成功的动力，时时鞭策自己，化消极为积极，往往会使我们赶上甚至超过别人。

## 链 接：自我优势自测

每个人都有自己的优势和弱势，而你，就是优势和弱势的整体平衡者。人生的成败就在于能否成功地挖掘自身的优势，并把这个优势发挥到极致。利用以下的测试，客观地找出你自己的优势吧！

**测试开始：**

1.请想一想，与你身边的三个朋友比，谁最有魅力、最受异性的欢迎？

A.当然是自己。

B.自己是最糟的。

C.不知道。

D.自己在四人中大概排第二。

2.当你和异性朋友交往时，父母劝你不可以跟那种人交往，要你马上与对方分手。对于这种情况，你会说：

A."你们不要管我，我自己会负责。"

B."我也正想和他（她）分手。"

C."可是，他（她）是一个很好的人呀。希望你们能了解他。"

D."知道了，我会好好地想一想。"

3.约会时，当他（她）好像很无聊的样子保持沉默时，你会说：

A."再玩一会儿吧！"

B."怎么啦？心情不好吗？"

C."咱们去别的地方玩吧！"

D."回去吧！"

4.当他（她）系着不适合的领带（围巾）很骄傲地对你说"这条不错吧！"时，你怎么回答？

A.说"不错"。

B.只是笑而不答。

C.明白地表示，"没气质"。

D.说"不错是不错，不过上次那一条更好看"。

5.在结婚典礼的前一天中午，昔日的恋人突然出现，对你说："每次想起过去，我就想紧紧地抱着你。"并向你提出要求时，这时你会：

A.果断拒绝对方并说："不要侮辱我！"

B.答应对方。

C.困惑而尴尬，不知所措。

D.婉言拒绝。

6.有人在一个男人的背后贴上了一张写有侮辱性语言的纸条，那个男人却没有注意到，这时你会：

A.提醒那个男人："先生，请脱下西装看看。"

B.偷偷地跟身边的人说："你看那个人。"

C.趁他不注意的时候把纸条取下来。

D.默不作声。

**结果分析：**

查看你在各测试中所回答的记号，并分别算出A、B、C、D各有几个。数目最多的那一组，就是你的类型。如果有两组以上数目相同的话，则是e类型。

A类型的人

自信而有主见是你最大的优势。你对自己充满自信，有强烈的喜好和憎恶，有很强的独立意识。喜欢自己的问题自己解决，不喜欢他人过多地加入意见。你很有主见，做事从来不瞻前顾后，会努力地朝自己认为对的方向努力。所以，你成大事的关键在于选准目标，如果选好了目标，再以你的全力去投入，你就可以取得一定的成就。

在为人处世方面，你是一个很直率的人，做事不喜欢绕弯子，有什么想法都很直白地表达出来，不在乎别人的看法和感受。所以，你要力求做到委婉一些，用圆润的方式去解决问题，这比你直截了当地表白会更有效。

B类型的人

良好的人际关系是你最大的优势。你外柔内刚，善于听从他人的建议和意见。你心思缜密，善于替人着想，非常尊重他人的意见。你是一个有博大爱心的人。具有同情心的你和朋友们相处得很好，在朋友中有一定的威信，他们比较依赖你。

你是大家的开心果，任何时候都是话题多多、快乐无比，脸上常常挂着阳光般的灿烂笑容。温柔是你的一大魅力，你对任何人都十分亲切，所以大家都很喜欢你，而你也乐于助人，看到别人有困难一定不会袖手旁观。如果你能在考虑问题上，也学会多为自己考虑一点，那样，你的生活会更加轻松和快乐。

C类型的人

为人坦诚、敢于行动是你最大的优势。你的人生充满着知足常乐的温馨，能够从日常生活中得到许多乐趣。你处事比较宽容，对于一些细节问题不喜欢刨根究底，这样会让你身边的人觉得很轻松。你在人际关系中表现得像一个大大咧咧的人，从而受到很多人的欢迎。你很少发表自己的意见，但是这并不表明你没有主见，你的心里是很明白的。

你具有很多优势，你行动能力强，做起事情来干劲十足，而且敢作敢为。如果你能在做事的时候加以适当的思考，或者找到一个聪明睿智的上司为你的工作做适当的指导，你就可以成为一个很有成就的实干家。

D类型的人

做事充满理性是你最大的优势。你是一个非常理性的人，不管在什么时候，都能以理智的眼光来判断事物，这对你成就大业非常有帮助。你做事有明确的目标和取向，不会因为别人的意见而改变你的初衷和决心。

你善于思考，思维缜密、严谨，逻辑推理能力强。你对于工作认真细致，努力、认真是你的最大优点和魅力，做任何事情你都会全力以赴做到最好，绝不会半途而废，而且你做任何事都有好成绩，因此常常成为别人的偶像。

E类型的人

创新思维和丰富的想象力是你的最大优势。你对问题有极强的探索力，很喜欢对事物的深层内涵进一步思考和研究，所以能洞察很多事情的本质。你是朋友、同事的顾问和智囊，只要一遇到问题，他们一定会第一个想起你。很多时候你都会提出中肯的意见，朋友们视你如良师益友。如果你能把自己的各种奇思妙想整理成具体的思路，并在实践生活中加以实施，就一定能取得你意想中的效果。

二

# 要忍得住，还要忍得有质有量

　　事后想想，当时要是能忍住就好了。可是，真的就好了吗？NO，要忍得住，还要忍得有质有量，否则，你就会一次又一次在忍和不忍之间纠结痛苦。

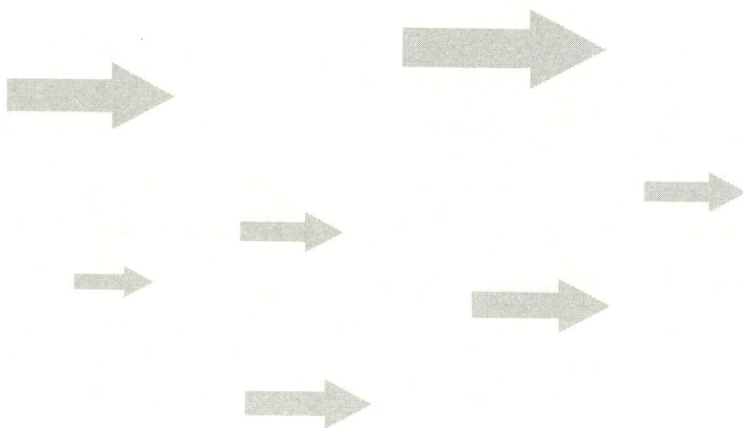

# 发怒是本能，控制怒气是本事

在生活中，我们经常看见很多人为了一点很小的事情而怒容满面，甚至与他人大打出手，这是欲成大事者的大忌。我们每个人都避免不了动怒，愤怒情绪是一种心理病毒。克制愤怒是人生的必修课，那些动辄怒火中烧而不加抑制的人是难成大器的。

明神宗时期，曾官至户部尚书的李三才可以说是一位好官。为什么这么说呢？当时他曾经极力主张免除天下矿税，减轻民众负担。而且他嫉恶如仇，不愿与那些贪官同流合污，甚至不愿与那人为伍。但是他在"忍"上的造诣却太差。

有次上朝，他居然对明神宗说："皇上爱财，也该让老百姓得到温饱。皇上为了私利而盘剥百姓，有害国家之本，这样做是不行的。"李三才毫不掩饰自己的愤怒，说话也不客气的行为激怒了明神宗，他也因此被罢了官。

后来李三才东山再起，有许多朋友都担心他的处境，于是劝他说："你嫉恶如仇，恨不得把奸人铲除，但也不能喜怒挂在脸上，让人一看便知啊。和小人对抗不能只凭愤怒，你应该巧妙行事。"李三才则不以为然，反而认为那样做是可耻的，他说："我就是这样，和小人没有必要和和气气的。小人都是欺软怕硬的家伙，要让他们知道我的厉害。"没过多久，李三才又被罢了官。

　　回到老家后，李三才的麻烦还是不断。朝中奸臣担心他再被重新起用，于是继续攻击他，想使他再也不得翻身。御史刘光复诬陷他盗窃皇木，营建私宅，还一口咬定李三才勾结朝官，任用私人，认为对李三才应该严加治罪。李三才愤怒异常，不停地写奏书为自己辩护，揭露奸臣们的阴谋。

　　他对皇上也有了怨气，居然毫不掩饰愤怒情绪，对皇上说："我这个人是忠是奸，皇上应该知道的。皇上不能只听谗言。如果是这样，皇上就对我有失公平了，得意的将是奸贼。"

　　最后，明神宗再也受不了他了，便下旨夺去了先前给他的一切封赏，并严词责问他，于是李三才彻底失败了。


　　古人常说"喜怒不形于色"，而李三才却不明白此点，不分场合、不分对象随意发怒，自然只能落得失败的下场了。


　　有一个傲气十足的富商腆着大肚子来到寺院，站在禅师面前说："你有什么？还不是依靠我的贡品，你才能活下去？"

　　禅师听到后没说什么，就把富商带到玻璃窗前说："向外看，告诉我，你看到了什么？"

　　"看到了许多人。"富商说。

　　禅师又把他带到一面镜子前，问道："你看到了什么？"

　　"只看见我自己。"富商回答。

　　禅师说："玻璃镜和玻璃窗的区别只在于那一层薄薄的银子，这一点点可怜的银子，就让一些人只看见他自己，而看不见别人了。"

　　富商面带愧色地离去。


　　"事临头三思为妙，怒上心忍让最高。"你应当提高自己控制浮躁情绪的能力，时时提醒自己，并有意识地控制自己情绪的波动。切忌动辄指责他人，喜怒无常。改掉这些坏毛病，努力使自己成为一个容易接受别人和被人接受、性格随和的人，只有这样的人才能成大事。

越是充满智慧的人越应含蓄谦虚，就如同稻穗那样，稻谷愈饱满植株垂得愈低。真正的智慧人生，必定要有诚意谦虚的态度。智慧使人分辨善恶邪正，谦虚使人建立美满人生。

我们做事，一定要秉持着正与诚的原则，而待人则要有宽与忍的态度。要以超然的形态、宽大的心胸来容纳任何人。真正的圣人，既刚强又柔韧。他的强是柔中带刚，刚中带柔。柔能调服众生，刚能坚强己志。

竞争孕育了伤害的因子。只要有竞争，就有上下之别、前后之分、得失之念、取舍之难，世事也就不得安宁。只有不争的人才能看清世事。

世人常言：要争这一口气。其实真正有修养的人，是把这口气咽下去。培养好自己的气质，不要争面子。争来的是假的，养来的才是真的。

# 你在堵别人的活路，别人在断你的退路

生活中，我们每个人都与社会有千丝万缕的联系，所以凡事都不要做得太绝，给人留余地也就是在给自己留后路。

有这样一则寓言：有一天，狼发现山脚下有个洞，各种动物由此通过。狼非常高兴，它想，守住山洞就可以捕获到各种猎物。于是，它堵上洞的另一端，等动物们来送死。

第一天，来了一只羊，狼追上前去，羊拼命地逃。突然，羊找到一个可以逃生的小偏洞，从小洞仓皇逃窜。狼气急败坏地堵上这个小洞，心想，这下再也不会功亏一篑了吧。

第二天，来了一只兔子，狼奋力追捕，结果，兔子从洞侧面的更小一点的洞里逃生了。于是，狼把类似大小的洞全堵上。狼心想，这下万无一失了，别说羊，与兔子大小接近的狐狸、鸡、鸭等小动物也都跑不了。

第三天，来了一只松鼠，狼飞奔过去，追得松鼠上蹿下跳。最终，松鼠从洞顶上的一个小道跑掉了。狼非常气愤，于是，它堵塞了山洞里的所有窟窿，把整个山洞堵得密不透风。狼对自己的措施非常得意。

第四天，来了一只老虎，狼吓坏了，拔腿就跑。老虎穷追不舍，狼在山洞里跑来跑去。由于没有出口，狼没能逃脱，最终被老虎吃掉了。

对这一案例，各界人士说法不一。

哲学家说："绝对化意味着谬误。"

宗教家说："堵塞别人生路意味着断自己的退路。"

环境学家说："破坏原生态平衡者必自食其果。"

经济学家说："预算和计划都要留有余地。"

军事家说："除非你是百兽之王，否则，别想占有整个森林。"

法学家说："凡规则皆有例外，恶法非法。"

政治学家说："绝对的权力导致绝对的腐败，绝对的腐败必然导致彻底的失败。"

渔民说："一网打尽，下一网打什么？"

农民说："不留种子就是绝种绝收。"

总之，人的生存与发展，依赖于千丝万缕的社会关系，所以无论做什么事都不要做得太绝，得为自己留一条后路。

本寓言里的狼发现了一个山洞，各种动物由此通过，为了捕获各种动物，狼把这个洞里除洞口外的所有通道都封死了，却不料让自己陷入万劫不复之地，成了老虎口中的美食，灭人者终灭己。"竭泽而渔""杀鸡取卵"的道理，古已有之。

在一片茫茫沙漠的两端，有两个村庄。从一个村庄到另一个村庄，如果绕过沙漠走，至少需要马不停蹄地走上20多天；如果横穿沙漠，那么只需要3天就能抵达。但横穿沙漠实在太危险了，许多人试图横穿沙漠，结果无一生还。

有一天，一位智者经过这里，他让村里人找来了几万株胡杨树苗，每半里一棵，从这个村庄一直栽到了沙漠那端的村庄。智者告诉大家说："如果这些胡杨有幸成活了，你们可以沿着胡杨树来来往往；如果没有成活，那么每一个走路的人经过时，要将枯树苗拔一拔，插一插，以免被流沙吞噬。"

果然，这些胡杨苗栽进沙漠后，很快就全部被烈日烤死了，成了路标。沿着"路标"，大家在这条路上平平安安地走了几十年。

有一年夏天，村里来了一个僧人，他坚持要一个人到对面的村庄去化缘。大家告诉他说："你经过沙漠之路的时候，遇到要倒的路标一定要向下再插深些；遇到要被沙子埋没的路标，一定要将它向上拔一拔。"

僧人点头答应了，然后就带了一皮袋的水和一些干粮上路了。他走啊走啊，走得两腿酸累，浑身乏力，一双草鞋很快就被磨坏了，但眼前依旧是茫茫黄沙。遇到一些就要被沙尘彻底埋没的路标，这个僧人想："反正我就走这一次，埋了就埋了吧。"他没有伸出手去将这些路标向上拔一拔。遇到一些被风暴卷得摇摇欲倒的路标，这个僧人也没有伸出手去将这些路标向下插一插。

但就在僧人走到沙漠深处时，寂静的沙漠突然遍布飞沙走石，有些路标被埋没在厚厚的流沙里，有些路标被风暴卷走了，没有了影踪。

这个僧人像没头苍蝇似的东奔西走，却怎么也走不出这片沙漠。在气息奄奄的那一刻，僧人十分懊悔：如果自己能按照大家吩咐的那样做，那么即便没有了进路，还可以拥有一条平平安安的退路啊！

是的，给别人留路，其实就是给我们自己留路。善待他人，关爱他人，实际上就是善待自己，关爱自己。

在一场激烈的战斗中，连长忽然发现一架敌机向阵地俯冲下来。照常理，发现敌机俯冲时要毫不犹豫地卧倒。可连长并没有立刻卧倒，他发现离他四五米远处有一个小战士还站在那儿。他顾不上多想，一个鱼跃飞身将小战士紧紧地压在了身下，此时一声巨响，飞溅起来的泥土纷纷落在他们的身上。连长拍拍身上的尘土，抬头一看，顿时惊呆了：刚才自己所处的那个位置被炸了两个大坑。

故事中的小战士是幸运的，但更加幸运的是故事中的连长，因为他在帮助别人的同时也帮助了自己！在我们的人生大道上，肯定会遇到许多为难的事。但我们是不是都知道在前进的路上，搬开别人脚下的绊脚石，有时恰恰是为自己铺路呢？

所以，一个高明的人往往是个心胸宽广的人，缺乏智能的人才会处处不饶人，最终断绝自己的后路。

在人与人的交往中，也有一些人为了追求个人利益而对别人不管不顾，甚至是在别人身处逆境时落井下石，这样的做法是极其愚蠢的，因为一个人再成功，也不能保证自己就没有倒霉的时候，把事情做绝了，到时谁又会向你伸出援手呢？

# 不露锋芒，不代表你毫无光彩

在为人处世时，过分张扬、锋芒毕露并有时并不合时宜，我们在过度暴露自己优点的同时，缺点也会被别人看得一清二楚。只有隐藏自己的实力，才能出其不意，获得成功。

隋唐著名才子薛道衡，13岁时就能讲《左氏春秋传》，隋高祖时，他官至内史侍郎一职。大业五年，薛道衡被召进京，当时正是自负才气的隋炀帝杨广在位，薛道衡为了显示自己文章水平，呈上了《高祖颂》，隋炀帝看后不悦道："这只是文辞漂亮而已。"

有一次，隋炀帝与下臣谈天，说自己才高八斗，傲视天下文士，御史大夫乘机说薛道衡自负才气，不听训示，有无君之心，于是隋炀帝便下令把薛绞死了。

薛道衡由于不懂得深藏不露、明哲保身之理，得罪了不少人，不但有隋炀帝，也有那个进献谗言的御史大夫，甚至可能还有其余的那些大臣，否则怎会没人替他求情于隋炀帝呢？因为锋芒太露而把人得罪光了，薛道衡算得上是一个典型。

不矜功自夸，可以很好地保护自己。正如英国19世纪政治家查士德斐尔爵士对他的儿子所说的：要比别人聪明——如果可能的话，千万不要告诉人家你比他聪明。

著名的游侠郭解就是一个很能藏锋露拙、大智若愚的人物。在洛阳有一位男子因与人结怨而处境艰难，许多人出面当和事佬，无奈对方一句话也听不进去，最后只好请郭解出面，为他们排解这场纠纷。郭解晚上悄悄造访对方，热心地进行劝服，对方就逐渐让步了。

这时候如果是一般人，一定会为自己的成功而沾沾自喜，急于示人，但郭解不同。他对那接受劝解的人说："我听说你对前几次的调解都不肯接受，这次很荣幸能接受我的调解。但是，我作为一个外地人却压倒本地有名望的人，成功地调解了你们的纠纷，实在是有违常理。因此，我希望你这次就当我是调解失败，等到我回去，再由当地有威望的人来调解时才接受，怎么样？"当然，那个人很愉快地接受了，并从心底佩服郭解。

郭解的做法异于常人，却是一种使自己免遭众人嫉恨的明智之举。既保护了自己，又留下了为人称道的美名。谁又能说郭解不是大智慧者呢？

《后汉书·班超传》语："今君性严急，水清无大鱼。"指水太清了，鱼就无法存身。这是饱经沧桑的前辈留给后人的一个办事准则。在处理人事关系的问题上，一定要铭记这一点。

明成祖年间，广东布政使徐奇进京朝见皇上，顺便带了一些岭南的藤席准备馈赠给朝廷中的官员。不料，京城的巡逻官把这些藤席截获，并将徐奇馈赠礼品的人员名单呈给了明成祖。

明成祖反复看了几遍名单，见其中唯独没有左谕德杨士奇的名字，觉得有必要问个究竟，于是立即召见了杨士奇。杨士奇解释说："当初徐奇奉命赴广东任布政使，离行前众官员都作诗为他送别，所以徐奇这次回京特用藤席回赠。那一次臣正好有病在身，没有赠诗给徐奇，不然的话，我这次也在馈赠之列。今天众官员的名字虽然都在礼单上，但他们不一定会接受徐奇的礼物，再说藤席乃岭南特产，徐奇馈赠藤席只是为了表达谢意，不会有别的目的。"

　　杨士奇这番话讲得自然得体，明成祖对他的疑虑打消了，也原谅了徐奇，命人把名单烧了，从此再也没有过问此事。

　　在封建时代，皇权是至高无上的，"君疑臣必死"。如果杨士奇借此机会炫耀自己的清廉，不仅不会得到赞赏，而且会加重明成祖对他的疑心。杨士奇故意将自己牵扯进来，说明自己与别人没有什么不同，从而赢得了明成祖的信任。更妙的是，杨士奇此举不但挽救了自己，也免除了徐奇的祸事。

　　以上所述，都是一些典型人物的典型事例。不过，对于一般的普通人，更应该有隐忍的胸怀与气度。

　　中国旧时的店铺里是不陈列贵重的货物的，店主总是把它们收藏起来。只有遇到有钱又识货的人，才告诉他们好东西在里面。倘若随便将上等商品摆放在明面上，岂有贼不惦记之理？

　　不仅是商品，人的才能也是如此。才华出众而又喜欢自我炫耀的人，必然会招致别人的反感，将吃大亏而不自知。倘若一开始就亮出底牌，在交手之时便没有了回旋的余地，连防守的机会都失去了，只能任人宰割。

　　如果把锋芒藏在背后，放低姿态，低调为人，反而能够韬光养晦，等待机会，厚积薄发，进而一举击败对手，大胜而归。

# 学会放低姿态

肯低头弯腰，并不代表肯屈服。真正懂得隐忍的人，知道及时退让，知道更好地去积存实力，更有力、更有把握地击败对手。

假如仔细观察，我们经常会看见，在天气晴朗的下午，总有一只苍蝇或者蜜蜂之类的昆虫，会从敞开的窗户飞进来，在房间里一圈又一圈地飞舞，左冲右突努力了好多次，却很少可以再飞出窗户——因为，它们总在房间的顶部空间寻找出路，总不肯往低处飞——那低一点的位置就有敞开着的窗户。甚至有好几次，它都飞到高于窗户顶部至多两三寸的位置了，可就是不肯再飞低一点。

如果昆虫们肯放低身段的话，可能还会回到大自然，可是它们就是始终不肯低头，所以，最终也没有飞出房间。这个生活中的例子告诉我们，人，若是不懂得低头弯腰，最终什么事也办不成。

有一人曾向苏格拉底问道："据说你是天底下最有学问的人，那么我想请教一个问题：请你告诉我，天与地之间的高度到底是多少？"

苏格拉底微笑着答道："三尺！"

"胡说，我们每个人都有四五尺高，天与地之间的高度只有三尺，那人还不把天地戳出许多窟窿？"

苏格拉底仍微笑着说："所以，凡是高度越过三尺的人，要能够长久立足于天地之间，就要懂得低头呀！"

做人要低头，这是苏格拉底讲出来的人生真谛。

从表面上来看，突然间的"低头做人"会给人一种懦弱和畏惧的感觉，但事实上并非如此，有时，适当的低头做人，也是一种处世之道，是人生的大智慧、大境界。当我们在应该保持低头做人时就要保持低姿态，"低头做人"其实并不低，它恰恰是转危为安的妙招。

当孙膑遭受到迫害后，并没有义愤填膺地责备庞涓的不义，而是采取一种"低头做人"的姿态——假装疯癫，麻痹庞涓，以求生存，最终在马陵之战中报了自己的血仇。司马迁被汉武帝打入死牢后，没有挺起胸膛让自己成为杀身成仁的大英雄。而是采取低姿态，以腐刑代死刑，从而获得生存机会，使他能够继承父志，终于完成了被人誉为"史家之绝唱，无韵之离骚"的《史记》。

很多人看来，孙膑和司马迁的行为是苟且偷生，这种低头做人的姿态实则一种处世境界，低头做人使他们最终完成了自己想做的事。倘若他们当时并不是以低姿态做人做事，也许早就命丧黄泉了，后来的成就也就无从谈起了。

所以说，适时适当低头做事，是人生的大智慧、大境界，这也是隐忍者经常采取的处世之道。

有句谚语说，"总想比别人高一头的人，最后一定会比别人低几个头"。此话教育我们，目中无人，未必就真高了，就像低头做人并不意味着就自动放弃了自己的价值。

比如说水，无论和什么放在一起总是最低的，但它却享受着人们对它的"敬畏"，就因为它既载舟又覆舟，还能水滴穿石。

人生如水，一旦你低下头去面对人生时，就会发现，美言、美食、美景、美差……遍地都是。

有一位平凡的年轻推销员，当他开始推销产品时，每天接到的订单都只是寥寥无几的几张，甚至连温饱问题都解决不了。所以，每次他干完一天的活，总会在大街上逛一圈，想想自己什么地方做得不对，是表达不够有说服力，还是热忱不足？终于有一天他折回去，并把这种习惯变成一生的资本。他问那位商家："我不是回来让你买我的产品的，我希望得到你的指点。请告诉我，我刚才什么地方做错了？你的经验比我丰富，事业又成功，请给我一点提示，直言无妨，请不必保留。"他的这种低姿态为他赢得了许多友谊以及珍贵的忠告。他很快被提升为当时最大的牙膏公司高露洁的总裁，他就是大名鼎鼎的立特先生。

由此，我们不得不说是低姿态成就了他。

所以说，适当的"低头弯腰"不是妥协，而是一种理智忍让。该"低头"时就"低头"调整一下目标，能巧妙地穿过人生荆棘，该"弯腰"时就"弯腰"，改变一下视角，会发现柳暗花明又一村的无限风光！


# 退一步，有时候就等于前进两步

人生贵在把握进退之机，"进"与"退"都是处世行事的技巧，该进则进，该退则退，退是为了日后更好的进，只有懂得该退则退的人，方能成为处世高手。

春秋时期，楚庄王为了扩大自己的势力，发兵攻打庸国。由于庸国奋力抵抗，楚军一时难以推进。在一次战斗中庸国还俘虏了楚将杨窗。三天后，由于庸国的疏忽，楚将杨窗竟从庸国逃了回来。杨窗对楚庄王说明了庸国的情况："庸国人人奋战，如果我们不调集主力大军，恐怕难以取胜。"

楚将师叔出了一个主意，建议用佯装败退之计，以骄庸军，从而再去攻打他们。因此师叔带兵进攻，开战不久，楚军佯装难以招架，败下阵来，向后撤退。像这样一连几次，楚军节节"败退"。庸军七战七捷，不由得骄傲起来，不把楚军放在眼里。军心麻痹，军队渐渐松懈了斗志，对敌人的戒备也渐渐消失。

在这种情况下，楚庄王率领增援部队赶来，师叔说："我军已七次佯装败退，庸人已十分骄傲，现在正是发动总攻的大好时机。"于是楚庄王下令兵分两路进攻庸国。此时庸国将士正陶醉在胜利之中，怎么也不会想到楚军突然发起进攻，庸国士兵仓促应战，抵挡不住。楚军就是在这种情况下一举消灭了庸国。

在这个故事中，楚国为了战胜庸国，采取退让的方法，最终获得了胜利。

奥康集团国际贸易部与意大利客商签好了一笔订单，双方谈好产品单价为23元美金，而且也签订了购销合同。可是在产品投产时，他们发现生产部门在计算成本时将皮料的价格算得过低，若按实际成本计算，出口价格每双鞋最少还要增加一美元。意大利客商知道这个消息后，表示要严格遵守合同约定，并没有做出让步的准备。

双方僵持了一段时间之后，奥康集团国际贸易部负责人将这个情况汇报给了公司总裁王振滔，并询问他是否继续与外商洽谈加价。

王振滔这时表示：一美元是小事，商业信誉是大事，退一步海阔天空。既然签了合同，即使亏本了，这笔买卖也不能停止要继续做下去。

这一消息后来传到了意大利客商的耳中。听说奥康主动做出了让步，意大利客商在感到意外的同时也表示很感动，于是主动提出在价格上增加一美元。可是这一举动被奥康集团总裁王振滔婉言谢绝了。王振滔表示：奥康多赚一块美金还是少赚一块美金都不重要，重要的是要恪守信用。

奥康诚信经营的做法使意大利客商大为感动。他们当即决定追加订单，将原来20多万美金的订单一下子增加到100多万美金。客商表示：接下去要和奥康集团建立长期合作关系，并将在单鞋和休闲鞋方面的更多订单下给奥康。在商界中，此事一时被人们传为美谈。

所以说，一时的退让绝非是丧失原则和失去自尊，而是为了更好地前进。缩回的拳头，打起人来才有力。只有采取这种和缓智慧才能达到目的，而只是一味地为了实现超越，结果只会碰得头破血流。

退并不是胆怯，只是为进做了一个热身运动，就好像是跳高一样，站得远，才可能跳得更高。

退一步，便可以创造更好的机会。因为退本身并不能说明他们胆怯、弱小、是逃兵。相反，能进能退、能屈能伸则是隐忍的象征。

古人形容能屈能伸为大丈夫也，可见大丈夫行事，理应是有进有退。退的目的是为什么？是为了更好地进攻。战斗打起来，就需要战士有韧性，没有韧性的战士终究会失败的。

该进则进，该退则退。在强大的势能下加上韧性的战斗，胜利一定属于那些该退则退的隐忍人士。作战如此，生活中的为人处世更是如此——"退"是为了"进"，因此不管怎么退，只要最终的结果是为了进就可以。

换言之，也就是以退让为开始，把最终胜利当目标，这是不可多得的一条锦囊妙计。

你先以他人利益为重，再去考虑为自己的利益开辟道路，尤其是在做一些风险比较大的事情时，冷静沉着地让一步，你会发现自己的目标实现得更快了。

所以从某种意义上说，退一步，其实就等于进了两步。

人世间的冷暖变化无常，人生的道路也是曲折的，所以，当你遇到极为不利于自己的形势时，便可以在表面上做出退步，忍他一时，以免引起对手的针锋相对，专一等待时机，实现自己的抱负。这是自我表现的一种艺术，也就是所谓的"暂时的让步是为了更好地选择"。

# 成为值得尊重之人

别人的不友善举止是别人的错误，我们无力改变。但是，我们可以尽力提升自己的形象和价值，让自己原本微弱的力量逐渐强大，直到每个人都无法忽略我们的存在为止。

传说宋代名士苏轼游玩莫干山的时候，曾前往山腰处的一座道观进香。道士见他穿着十分朴素，心想他应该是一个普通百姓，于是就异常冷漠地招呼说："坐！"然后吩咐童子："茶！"

苏轼落座喝茶，和道士很随意地交谈了几句。几番言语，道士发现来客气度不凡，马上请苏轼进入大殿，摆下椅子说："请坐！"然后又吩咐童子："敬茶！"

苏轼继续和道士攀谈，口中妙语连珠，讲得道士啧啧赞叹，忍不住打听起来客的名字。苏轼微笑着说："小官是杭州通判苏子瞻。"道士闻言立即起身，请苏轼进入一间静雅的客厅，并态度恭顺地说："请上座！"再次吩咐童子："敬香茶！"

最后，苏轼准备告辞了，道士请求留下墨宝。苏轼思忖片刻，联想起道士的种种态度，于是写下了一副著名的对联："坐请坐请上座，茶敬茶敬香茶"，借以讽刺道士趋炎附势之态。

聪明的人都知道，证明一个人的价值，绝对不在于几个人的言语。苏轼有相当丰富的阅历和涵养，当他遭受别人的轻视时，并没有暴跳如雷、大发脾气，而是很自然地按照自己的计划，该做什么就做什么，不去在意别人的态度。而那个势利的道士，最后终于领略到了苏轼掩盖不住的才华，继而感到羞愧。

无论如何，都不要因为别人的轻视而放弃自己！我们的目标很多，我们的力量很大，只要你愿意实现自己的心愿，并付出努力，相信总有一些好事会悄悄发生的。

一个财主遇到一个穷人，财主对穷人说："我这么有钱，你怎么不尊重我呢？"

穷人回答："你有钱和我有什么关系？我为什么要尊重你呢？"

财主说："我把我的财产分给你一半，你会尊重我吗？"

穷人回答："你把财产分给我一半，我就和你一样了，为什么要尊重你？"

财主又说了："那我把财产全部给你呢？"

穷人说："那我就更不会尊重你了，因为我是富人，你是穷人了。"

这虽然是一个笑话，却向人说明了一个道理：如果你想得到别人的尊重，除了金钱外，还必须拥有让人信服的条件，包括特质、素养、情操和意志等。

我们不仅仅要接纳别人的不友善，还要从别人对我们的"不友善"中找到自己的缺点。所以，面对别人的不友善，我们最该做的，就是打开体内的应急按钮，调动所有的防毒软件，全面修护自己的情绪和感受，把无聊的闲言闲语和猜忌都扔掉，只留下能激励自己的箴言。

很多时候，不是别人看不起你、刁难你，而是你自己做得不够好，让人有话可说。被人嘲讽，虽然是非常难堪的事情，但因为无法回避，所以最好的方法就是将它有效地消化，成为一个激发你开拓新局面、扭转逆势的开端。

不被人承认的时候，我们虽然没有光环，但是，我们有自信、乐观和尊严，我们需要做的就是找到失败的原因，把过去的一切打包，成为一个丰富的经验库，然后才能没有任何负担地大步前进。而沿途的重要工作就是，重拾自己的优势和信心，让别人看到你的光亮！

俄国文豪屠格涅夫曾说："先相信你自己，然后别人才会相信你。"如果连你自己都轻视自己了，那你要如何得到别人的尊重呢？

大家都知道，一个人最终能否实现目标或者达到成功，必须倚仗很多因素，其中自身的条件是最为重要的。如果你本身就是一颗钻石，不巧被遗失在一片沙滩上，被人们当作低劣的沙砾来看待。那么，只要你不灰心，不慌乱，耐心等待一次次潮来潮涌的翻动，最后你的光亮肯定可以吸引每一个人的目光。即使海浪有可能将你继续掩埋，那也是暂时的，你良好的特质丝毫不会因为与沙砾混合而有所改变，你仍是一颗值得珍藏的钻石。

因此，如果你真的是钻石，在被埋没的时候，请不要做无谓的哀叹，坚定地保存闪亮的梦想吧，相信有一天你一定可以吸引众人的目光。

而如果你本来就只是一粒不起眼的沙子，又不甘心这么平庸下去，那么请去寻找那只能够包容你的大蚌吧，请求它将你变成一颗珍珠。让原先不起眼的你，可以在外界的帮助下脱胎换骨，成就自己的梦想！

# 比折磨更糟糕的，是从来没人折磨你

滴水之恩当涌泉相报，这是人之常情，然而却很少听说要感谢那些折磨自己事情的话。但，我们要清楚，折磨你的事情不一定都是坏事，它也许会让你从中学会面对伤害、重新认识挫折、不停寻找出路、突然醒悟，发现一个全新的自己。

在一个黑漆漆的屋子里，教授带着10个学生过一座独木桥。教授告诉他们，你们什么都不用想，只要跟着我走就行了。这10个人跟在他后面，如履平地，稳稳当当地走过了独木桥。

然后，教授将屋里的灯一盏盏全部打开，众人定睛一看，吓得面如土色。原来桥下水池中十几条鳄鱼正来回游着。这时，教授一个人不慌不忙地走到桥的另一端，对对面的学生说："不要担心，我们已经做好了相应的保护措施，很安全。你们再走过来试试？"

众人皆摇头，没有一个人愿意再过去了。

一个学生问："如果我们掉在桥下的网上，把网砸破了怎么办？"

"桥与水池中间的那个铁丝网很结实，即使你们落在上面也不会发生任何意外。"

又有人问："如果鳄鱼跃出水面，将网撕破，我们不就危险了吗？"

"这个你们放心，我们已经做过多次实验，鳄鱼是够不到那张网的。"教授又解释。

学生们你一个问题，我一个问题，教授都一一解答。当他们所担心的所有不确定因素都被教授解答，并确保他们人身安全以后，大家还是顾虑重重，没有人愿冒这个险。

这只是一次实验，然而通过这个实验，我们却可以看清一些人遇到问题时的表现。生活中，很多事情我们是无法逃避的，有些问题和经历我们无法躲避，必须经历。

当经历过那些生命中的挫折和磨难时，我们又该如何看待呢？心态决定命运，同样也决定如何看待那些折磨过我们的事情。因为人是各种观念的集合体，有什么样的观念，就会得到什么样的人生模式。

你在遭受工作的折磨吗？

在遭受失恋的折磨吗？

在遭受病痛的折磨吗？

……

无论我们正在经受什么样的折磨，都应该对折磨我们的那些事情抱持一种感谢的态度。因为那是命运给了我们一次战胜自我、升华自我的机会。

想获得一个不一样的人生，我们就要认清那些折磨过自己的人和事情。当我们的心化浮躁为平静后，就会认识到，生命中的每件事、每个人，都会给我们一个获得能量、升华自己、向更高更远处前进的机会。

著名作家罗曼·罗兰说："只有把抱怨别人和环境的心情，化为上进的力量，才是成功的保证。"我们每一个人也只有学会感谢那些曾经折磨过自己的人或事，才能看见自己辽阔的心胸，才能重新认识自己。

每一个人都拥有一个未知的人生，很多事情都是难以预料的。人生在世，免不了要遭受苦难，如不可抗拒的天灾人祸，遭遇乱世或灾荒，患上危及生命的重病，失去朋友、亲人。还有那些发生在生活中的重大挫折，如失恋、婚姻破裂、事业失败等。

人的一生总要经受很多折磨，承受各种苦难。有些人在面对种种折磨时，听天由命，最后平庸地度过一辈子。有些人超越了这一切，最终拥有幸福快乐的一生。

获得不一样的人生并不难，只需要我们换个角度看世界，不用消极的态度看待那些曾经折磨过自己的事情。这样，折磨过我们的那些事情，就会是一种促进我们成长的积极因素。

生命是一次次蜕变的过程，唯有经历各种各样的折磨，才能增加生命的厚度。一个学会感谢折磨的人，终将发现一个心想事成的自己。也许在别人眼中，苦难、挫折和失败如洪水猛兽，在他们眼中却自有美好之处，也正是经历了这些，他们的人生才变得与众不同。

没有人能赢得全世界的喜爱，你当然会有敌人，总会有人表现出对你的不满，和你暗暗较劲，甚至背后中伤你。然而，也正是这样的人让你不得不警惕，躲过人生中一个又一个的陷阱，迫使你不断地增长智慧和才干。你应该为你拥有一个强大的敌人而骄傲，你的敌人越强，说明你也在越来越强大。

优胜劣汰是谁也无法逃避的自然法则，公正而又残酷。不可否认的是，这其中总会有很多人被自己的对手打败，甚至葬送了前途。正是为了避免这种可悲的结局，我们才更应该努力强化自己，勇于竞争，这样才能战胜敌人、超越对手。

在这个世界上，只有一件事比遭遇折磨还要糟糕，那就是从来不曾被人折磨过。因为，当一个人受尽折磨时，他的潜能才会被激发出来，而且，唯有此时，他才能越挫越勇，逼迫自己去突破现状。

## 链接：如何训练自制力

行为学家在分析了人们成功的因素之后，告诉我们在自制问题上可以采取几种科学的培养方法。

**（1）控制自己的思想**

这一点可以说是与国人传统的认识相吻合的。没有意识作为先导，人就不可能有具体的行为。控制思想，就是要明白自己想要什么，不能要什么，这是认识的问题。然后再弄清楚，怎样拒绝不能做的事，强制自己专做该做的事，这是方法的问题。最后再掂量一下，自己做了会如何，不做又该如何，这是建立毅力的前提，是由控制思想向控制行为过渡的问题。

**（2）控制目标**

目标是思想的核心，更是行动的指南，也是取得成功的重要方法。人不可能无为而治身，都要有一定目的，做事都要有计划，不能无头无序。

目标对你来说有很多益处。你想成功？你想取得什么样的成功？你想怎样达到成功的目的？你的长期计划是什么？中期计划是什么？短期目标是什么？如何去修正你的目标？拿这一系列问题问自己，心中自会明亮许多。

控制目标，就要制定目标。目标有长期的、中期的，也要有短期的。像我们买衣服一样，买皮衣时，要考虑到这皮衣要能穿三五年；买袜子时，只需想着能穿三五个月即可；可买鞋子时，要想着这鞋得穿一两年。不同的衣服，穿着年度不同，就要在价格、质量等方面做不同的考虑。

再如高中生参加高考，在复习阶段，他就应制定类似这样的目标：五个月之内，我要怎么复习？近一两个月内，我该重点攻克哪一门课程？每周周六，我该完成计划中的哪些事？如此，中长期目标与短期目标并举，做起来就心中有数，忙而不乱了。

修订目标也是重要的一步棋。目标永远是超前的考虑，你做到某一步时，一些意料不到的事情就会出现、发生。在这个时候，如果不及时地修订目标，那么目标因不能如约执行计划而处于废弃的危险境地。修订目标就像整理自己的衣柜，到一定时候就要看看，哪些衣服还能穿，哪些衣服不能穿；哪些衣服要缝补改装，哪些又要添置新的。不断整理，才能让衣柜里的衣服随时能满足自己衣着的需要。

**(3) 控制时间**

人生活在空间和时间中，空间容纳人，时间改变人。很多人事情做不好，就是没利用好时间。

控制时间是一门大学问。在国外，专门有向人们提供时间安排的时间管理专家，他的工作就是把你计划要做的事，结合你的个人情况，做一个统筹的安排。

这可不是一件轻松的事，一般的人往往不但不明白自己要做哪些事，还不明白在什么时候，用多长时间来做某件事。而且更难的是如何将那么多事和有限的时间充分地融合在一起，事情做好了，时间也没白白浪费。

你可选择时间来工作、游戏、休息，虽然客观的环境不一定能任人掌握，但人却可以自己控制时间。当我们能控制时间时，就有可能改变自己的一切。

人们不可能把自己的时间都交给时间管理专家去管理，那么只好自己担当起自己的时间管理专家，为自己要做的事筹划。

**(4) 控制自己的关系群**

关系群就是与你保持一定联系和友情关系的人群。一个人不可能与其所遇到的每个人都建立较为亲密的关系，在人际交往中，必须有所选择。

选择一定的关系群目的是什么呢？是与你的关系群沟通、交流，向他们学习，共享休戚，一同成长。

人们常说"近朱者赤，近墨者黑"，你接触的人对你的影响非常大，一定程度上也决定了你会吸纳什么样的知识和概念，在头脑中构建起什么样的理念，这些会极大地影响一个人的处世态度与行事方式。

一个人的成功往往离不开机遇，这是人所共知的事实。那么，你所接触的人群就是给你提供机遇概率最高的人群，相互之间了解了，在做事上也靠近了，于是便有了合作的意向，托付的意向。他人的这些意向在你身上付诸实施，就等于机遇降临到了你的头上。

### (5) 掌握沟通的方式

一个健全的人，在与人交往上大多不会有什么障碍，但在很多时候，还是会有一部分人因为对某些细节不太注意，而失去了很多机会，仔细倾听即是其一。

行为学家告诫我们，我们在讲话的时候，是学不到任何东西的，沟通方式最主要的就是聆听、观察以及吸收。当我们沟通时，我们要用信息来使聆听者获得一些有价值的东西，并彼此了解。

很多人擅长侃侃而谈，并以此为荣。的确，在很多时候，这些人奔放的思想、精彩的言辞烘托了交际氛围，使大家能聚在一起，高兴、友善地进行交流。但对这些人来说，如此的举止或许能使你赢来朋友，却得不到对你有用的信息。这样的交际方式只会使你付出，却无法收获什么。

倾听——人未必愿意这样做，或许是天生的性格使然。其实倾听，使人有机会获悉别人的观点，体会到对方的过人之处，并把这一切吸纳到自己的知识与智慧系统中来，从而提高自己。

在人际交往过程中，过于内向的人聚在一起也会出现问题。每个人都只做听众，敞开自己收纳知识与智慧的口袋，等待他人给予信息，这样的交际活动也是无效的。

既然说要收获，必然要有付出，那么，性格内向的人不妨就客串一下演讲者，把自己的知识与智慧倾倒出来，与大家共享吧！

在交际场合，讲与听这两个角色不是绝对的，两者可以适时转换，只要你时时敞开着口袋，无论扮演什么角色，你都会有所收获，会从这些收获中获得成功的基因。

# 别让情绪左右生命的品质

情绪跌宕起伏是很正常的，问题的关键是怎样控制好我们的情绪，学会管理好情绪，转化坏情绪。在人生之路上，我们需要做情绪的主人，而不是情绪的奴隶。

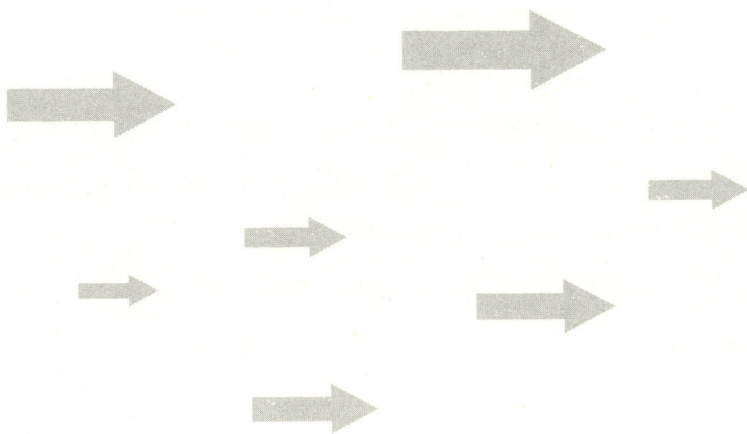

# 坏情绪都是你自己选的

我们所有的情绪，其实都是我们诠释事件之后的主动决定。幸福达人会选择做情绪的主人，自己决定用什么方式来回应生活中发生在我们身上的事情。

跟朋友约会，他迟到了半个小时。面对这样的情景，有人的感受会是非常生气：他怎么可以迟到？有人则是会担心：他会不会出了什么事？也有人会想：他既然迟到一定有不得已的原因，反而产生了体谅的心情。

如果你受到他人冒犯，你会先想一想用什么情绪来回应此事，是气愤还是平静？这就是你做出的情绪决定。

了解情绪的秘密，我们便要学会从现在开始为自己的情绪负责任，而不要把情绪的责任丢给别人。因为把情绪的责任丢给别人，会造成一个不良后果，那就是我们会期望改变别人，才能够改变自己。我们希望别人改变对我们的态度，我们才能从此变得幸福。但事实往往是别人用什么态度对待我们，我们无法掌控——我希望他改，而他不改变。我就有挫折感，觉得很沮丧，最后产生抑郁跟绝望的情绪状态。

聪明的人，会为自己的情绪负责任，如果我因为你对我的态度而生气了，那是因为我决定要生气；如果我因为你对我的方式而伤心，那是因为我决定要伤心。当情绪的主人翁是自己的时候，你会发现这个世界豁然开朗。

今天你会快乐吗？

许多人一听到这个问题，心中的第一个想法是："那得看状况。"

看什么状况呢？要看今天遇上的人是否令人喜欢，今天发生的事情是否让人如意，这才能决定今天的心情是否开心。

换句话说，今天的际遇，会决定今天的心情。

事实上，真正的情商高手会毫不犹豫地回答："当然会！"而这份坚决是来自于他们所共同享有的一个秘密：全世界唯一要为我们情绪负责的只有一个人，那就是我自己！

听起来似乎不可思议，心情怎么会与他人无关呢？要不是他老对我无故大吼，我怎么会伤心？要不是客户发飙无理取闹，我怎么会生气？如果爱人没有彻夜不归，我怎么会担心？这许许多多的心情，看来都跟别人对待我们的方式有着千丝万缕的联系。

让我们先来看个例子。

随便找个人，请他起立站着，然后要求大家一起动脑子想些方法，目的是要在30秒内刺激这人。于是乎答案就从会场的四面八方传过来："动手揍他！""骂他！"甚至"把他的车子砸毁！"……想法极富创意，不胜枚举。

要让一个人生气其实易如反掌，只要有心，任何一个人都可能在几秒钟之内，让你我暴跳如雷。

只有一个例外。如果身为当事人的你我今早出门时，坚定了快乐的决心，告诉自己不论今天发生什么事，遇到如何不堪的际遇，都不会动摇自己快乐的心境，那么别人的举止，就无法对我们产生负面的伤害了，不是吗？

不要因为外界的变化引起内心的起伏。当我们修炼好了内心，让内心足够强大，就没有事情能让自己生气。

所以快乐是一种决心，只要你我下定这份决心，就能掌握住情绪的主控权，而不至于在生活琐事中，糊涂地将心情的决定权拱手让给他人，并让周遭的人来定出自己情绪的基调。

你一定也听过这个说法："开心是一天，不开心也是一天，为何不开心过呢？"这就是选择情绪的道理。

更何况，真正决定我们情绪的，不是发生了什么事，而是我们对这些事情所做的诠释。

例如，面对他人的辱骂，如果我们认为"他就是看我不顺眼，这是恶意中伤"，那当然就会愤怒不已；然而如果你把它解释为"他今天心情不好，出口重了，但不是冲着我来的"，不但不生气，反而有些替他担心。

你该相信，情绪真的只跟自己有关，只有自己才须为自己的情绪负责任。也就是说，"你让我情绪不好"这句话是有问题的，如果我不让你让我生气，不论怎么做，你是一点也气不到我的，同样，如果我不允许你让我感到难过，你也无法伤到我的心。

事实的真相是，没有你的允许，没有人能影响你的情绪。当你下定了快乐的决心，并愿意找回情绪的主控权，你会发现，自己将不会离幸福太远。

下次因情绪起伏而失去幸福感受时，请别忘了提醒自己，情绪是由自己决定的！

情绪是人的思想与行为的伴生物，事情做得顺利，情绪就好。看天，天是蓝的；看花，花是美的；看人，人是有光彩的。事情还没做完甚至于还没开始着手做，障碍一个接着一个，情绪上就受波动了，看什么都不顺眼，尽管它们和你高兴时所看到的一模一样。

如果情绪仅仅是思想与行为的终极或"排泄物"——如果事情做砸了，痛哭一场那也罢了，糟糕的是，情绪往往会改变你原来的观念，并自然而然地对你以后要做的事产生影响。情绪不是思想和行为的终极"排泄物"，它是思想和行为中的一个过程，是一个重要环节。

其实，坏情绪不仅仅是暴怒、颓丧，还包括忧虑。对所做的事过于患得患失，情感过于低沉，瞻前顾后，都会在你迈向成功的道路上设置障碍。人生的真正报酬，取决于贡献的质与量，种瓜得瓜，种豆得豆。你付出了什么，掌握了什么，你就会收获什么。

阻碍人们保持理智与情感平衡的原因有三个：

第一，我们不了解自己和对方的情绪；

第二，虽然我们常常有意识地控制自己的情绪，但有时情绪急速波动，以致我们不由自主地受它支配；

第三，即使理智本身战胜了情感并左右我们的行为，我们仍不能把握好那部分情绪，不管我们怎样将其掩盖，或是否认它的存在，事后它还是会冒出来烦我们。最后，所有这些问题的根本原因在于我们对情绪的产生没有心理准备。

接下来逐一分析这些原因，并提出完全积极的方法作为对策。

第一，体会自己和他人的情感。

我们常常对感情毫无察觉。不知不觉中，我们已经被不安、沮丧、恐惧或愤怒等情绪所左右，并影响到我们的一举一动。在我还没有觉察到自己的愤怒时，别人可能早就注意到我颈部肌肉已紧张起来，脸部开始涨红，说话声音也变了调。

对别人的情绪，我们了解得就更少了。即使你试图掩盖自己的愤怒或恐惧，它还是会在不知不觉中影响你的行为：你说话的语调、坐姿、呼吸频率等。他也会下意识地注意到这些迹象，相应地也会觉得不安、担心或变得固执。如果双方都没有注意到自己或对方的情绪，我们就很难控制表达感情的方式，双方处理实际问题的能力就会受到影响。

因此，积极把握感情的第一步就是意识到它的存在。要做到这一点，我们应当学会观察肢体所传达的感情信号。通过观察身体各部位情况，能从中得到有关自己情绪的重要信息。

我的肠胃是不是感到不适？

手心是否冒汗了？

下巴肌肉是否绷得很紧？

我是不是攥紧了双拳，还是使劲抓着什么东西了？

我说话声调有没有提高？

……

这些小动作多半传达着愤怒、沮丧或害怕的情绪。轻柔的声音，愿意靠得更近些，湿润的眼睛，这些迹象则意味着爱慕、同情或者伤心。我们的身体感受在不同的场合可能表达着不同的情绪。一旦注意到这些变化，察觉出自己的情绪也就不难了。

为了培养这种意识，我们可能需要在不同场合和不同程度的压力下进行练习。从每天的点滴小事做起——和朋友吃饭、同客户谈生意、看一场伤感的电影、进行一场困难的讨论，利用这些场合来培养自己对情绪和感觉的把握。随着对自己身体反应的了解，察觉情绪变得越来越容易。

了解对方的感受越多，就越能避免伤人话语或行为带来敌对情绪的强化，避免做出有害无益的举动。总的来说，在触及问题的本质之前，有必要先观察一下对方的情绪状况。经过细心观察，多加体会，就能敏锐地察觉身体和嗓音的细微变化。

第二，不要感情用事，管住自己的行为。

光注意到自己的情绪还不足以控制其行为。情急之下，我们可能没等自己做出理性决定就贸然行事。心理学家认为，大脑在发育过程中最先产生本能和感性反应，随后才会变得越来越理性，并逐渐可以控制一些低层次的本能反应。但险恶环境可能直接引发感情和生理上的反应，导致理性思维出现"短路"。

如果自尊受到威胁，人们通常会感到不安全、害怕和愤怒，这些情绪会成为理智解决问题的障碍。有自卑倾向或担心失去自尊的人，通常会在争执中固执己见。他们怕丢面子，做事踌躇不决，最终使结局变得更糟。

我们有些情绪反应不是与生俱来的，而是从父母或朋友那里习得的习惯。孩提时代，我们都发现情绪爆发能引起别人的注意，促使情况发生改变，用发脾气的方式表达沮丧、愤怒或失望的心情。这种潜移默化的想法伴随着我们长大，我们不自觉地认为如果发脾气、歇斯底里、大喊大叫、摔门或发号施令就能得到我们想要的东西。

第三，用良好的习惯代替一时的冲动。

小时侯，人们常会感情用事，长大成人了，就要用良好的习惯代替一时的冲动，如果必须受习惯支配的话，那就让好习惯支配，那些坏习惯必须戒除。

经过多次重复，一种看似复杂的行为就会变得轻而易举，实行起来，就会有无限的乐趣，有了乐趣，出于人之天性，就更乐于常去实行。于是，一种好习惯就诞生了。

好的习惯人人都想拥有，最主要的问题不是一两次能够去做，而是坚持。对于一个独立的成年人来说，习惯的形成大部分需要自己的努力。习惯对于人类生活的重要性，超乎人们的想象。

假如你要把一种行为养成自己的习惯，而这种行为对你又是如此陌生，那么，请你记住："多做几次就好！"习惯的养成，仅是动作的积累，脑神经指令的重复。这样的行动你做得越多，脑神经所受的刺激与记忆也就越深，你的反应也会更加熟练，好的习惯便属于你。

当你运用这一法则的时候，连同积极心态一起应用，所产生的力量是巨大的，而这就是你思考、致富或实现任何你所希望的事情的根本驱动力。或许你并没有很好的天赋，但是，一旦你有了好的习惯，它一定会给你带来巨大的收益，很可能会超出你的想象。

# 怒火只烧5分钟

大多数成功者，都是能够把情绪控制得收放自如的人。这时，情绪已经不仅仅是一种感情的表达，更是一种重要的生存智慧。如果控制不住自己的情绪，随心所欲，就可能带来毁灭性的灾难。情绪控制得好，则可以帮我们化险为夷，甚至获得意想不到的好处。

有一个叫爱地巴的人，每次和人发生争执的时候，就以很快的速度跑回家去，绕着自己的房子跑上两圈，然后坐在地上喘气。

爱地巴工作非常勤劳努力，他的房子越来越大，土地也越来越广。

但不管房子和土地有多大，只要与人争论而生气的时候，他就会绕着房子跑两圈。

"爱地巴为什么每次生气都绕着房子跑两圈呢？"所有认识他的人，心里都感到疑惑，但是不管怎么问，爱地巴都不愿意明说。

直到有一天，爱地巴很老了，他的房子和土地也已经太大了，他生了气，拄着拐杖艰难地绕着房子转，等他好不容易走完两圈，太阳已经下山了，爱地巴独自坐在地上喘气。

他的孙子在身边恳求他："阿公！您已经这么大年纪了，这附近地区也没有其他人的土地比您的更广，您不能再像从前，一生气就绕着房子跑了。还有，您可不可以告诉我您一生气就要绕着房子跑两圈的秘密？"

爱地巴终于说出隐藏在心里多年的秘密，他说："年轻的时候，我一和人吵架、争论、生气，就绕着房子跑两圈，边跑边想自己的房子这么小，土地这么少，哪有时间去和人生气呢？一想到这里，气就消了，把所有的时间都用来努力工作。"

孙子问道："阿公！您年老了，又变成最富有的人，为什么还要绕着房子和土地跑呢？"

爱地巴笑着说："我现在还是会生气，生气时绕着房子跑两圈，边跑边想自己的房子这么大，土地这么多，又何必和人计较呢？一想到这里，气就消了。"

愤怒是一种非常大众化的感情。成千上万的人毫无必要地受到我所说的"毒性愤怒"的侵害，这种愤怒每一天都在实实在在地毒害着他们的生活。

愤怒是无法彻底消除的，而且也没有必要消除它。但你有必要对它进行很好的管理和控制。不管是在家里、在工作中，还是在你和关系亲密的人相处的过程中，都需要进行愤怒管理，这样你就可以从愤怒中获益。

愤怒就其本身的特性来说是短暂的。它就像拍打沙滩的波浪一样，来得快去得也快。对于大多数人来说，5到10分钟之后，火气就下去了。但对某些人，愤怒会挥之不去，并有可能愈演愈烈。

不悦要比愤怒更加常见。如果仅仅感到不悦，一般不是什么问题，但前提是这种感觉能就此止住，不往下发展。

怎样才能让不悦之情就此止住不往下发展呢？下次有人惹你不高兴时，你可以尝试以下做法：

不要把事情想得过分严重，用正确的眼光对待。如果在开车时有一辆车突然挤到了你的前面，要记住这只是让你不快的小事，而不是世界末日。

不要把问题个人化。那个开车时挤到你前面的司机并不认识你，他很可能并没有意识到给你带来的不快。也许某件事让他不顺心，因此想发泄出来，但这绝对不是针对你本人。

不要指责别人。一旦开始指责另外一个人，就很容易使你的不快升级。

所以，让事情就这么过去吧，别再去追究。

不要老想着报复。把某事归罪于某人后，下一步往往就是报复。与其这样，不如把精力用在比报复更有用的事情上面。

有一个年轻的农夫划着小船给另一个村子的村民运送自家的农产品。那天的天气酷热难耐，农夫汗流浃背，苦不堪言。他心急火燎地划着小船，希望赶紧完成运送任务，以便在天黑之前能返回家中。突然，农夫发现前面有一只小船沿河而下，迎面向自己快速驶来。眼看两只船就要撞上了，但那只船并没有丝毫避让的意思，似乎是有意要撞翻农夫的小船。

"让开，快点让开！你这个白痴！"农夫大声地向对面的船吼道，"再不让开你就要撞上我了！"

但农夫的吼叫完全没用，尽管他手忙脚乱地企图让开水道，但为时已晚，那只船还是重重地撞上了他的船。农夫被激怒了，他厉声斥责道："你会不会驾船，这么宽的河面，你竟然撞到了我的船上！"

当农夫怒目审视那只小船时，他吃惊地发现，小船上空无一人，听他大呼小叫、厉声斥骂的只是一只挣脱了绳索、顺河漂流的空船。

在多数情况下，当你责难、怒吼的时候，你的听众或许只是一只空船。那个一再惹怒你的人，绝不会因为你的斥责而改变他的航向。

如果你能学会控制自己的情绪，冷静分析那些容易让你生气发火的原因，你就可以知道自己还欠缺什么、害怕什么、想要什么。

很多时候那些让我们生气的理由回头再想想根本不值得，甚至有的时候我们发完脾气却忘了自己为什么不高兴。

不断探寻让自己面对某种情况而不生气的方法。开车的时候其他司机让你不悦，但你该怎样做才能不让这种不悦升级为愤怒呢？也许你可以播放自己喜欢的音乐，或者收听自己喜欢的电台节目，特别是一些轻松愉快的节目，也许一些其他的方法对你更有效。总之，你要不断地总结和摸索。

不要把自己看成一个无助的受害者。采取一些措施使自己适应令你不快的情况，或者想办法改变这种情况。不管你做什么，只要你在做，就比什么也不做光在那里生气要好。

不要让负面情绪放大你的愤怒。愤怒会加剧你的郁闷。告诉自己：我不会因这种令人不快的情况使我的坏心情雪上加霜。问自己：如果我心情不这样糟糕，遇到这种情况我会怎样做？然后就那样去做。

# 不要为打翻的牛奶哭泣

人生在世，不要为打翻的牛奶哭泣，如果对过往的事情一直耿耿于怀，就必然会在烦躁的心态中错失更多今天的东西。只有学会保持心灵平静，改变可以改变的，接受无法改变的，才能享受生活的平凡和简单。

生活中有成功也有失败，有开心也有失落，如果我们把生活的起起落落、权力和欲望看得太重的话，生活对我们而言将永远是一种压力，我们的心境也永远做不到坦然。

刚到秋天，寺庙院子里的草地枯黄了一大片，很是难看。

这时一个小和尚看不下去了，就对师父说："师父，快撒一点种子吧！"

师父说："不着急，随时。"

种子到手了，小和尚就去种，不料一阵风吹过来，把撒下去的种子吹走了不少。小和尚着急地对师父说："师父，很多种子都被风吹走了！"

师父说："没关系，被风吹走的大多都是空的，撒下去也发不了芽，随性。"

种子种下后，有几只小鸟飞来在土里刨食，小和尚赶紧赶走小鸟，并向师父报告："师父，种子被鸟吃了！"

师父说："急什么，留在土里的还多着呢，随遇。"

第二天，下了一场大雨，小和尚哭泣着告诉师父："师父，这下都完了，种子被雨水冲走了！"

师父回答："冲走就冲走了吧，冲到哪里都是发芽，随缘。"

一个多星期过去了，昔日光秃秃的土地上长满了新芽，小和尚高兴地告诉师父："师父，你快来看呐，都长出来了！"

师父依然平静如昔："应该是这样吧，随喜。"

冰心曾言："人到无求品自高"。崇高的境界和平静的心态都是"无求"，就像这位老师父一样，用一个"随"字，概括了人生各种状态下的平常心，对所得所失、所喜所悲都完全看淡，就好似尘世荣华，了然于心。

古人说："人生不如意之事十之八九。"人的一生是一个不断接受自己、不断与命运抗争的过程，也是一个不断拥有、不断失去的过程。如果不能保持"心灵平静"，学不会淡泊名利，就会患得患失，在权力和欲望的得失之间痛苦前行。

人生有顺境也有逆境，真正的人生就是需要逆境的不断磨炼。

如果面对过往的一切，独自感叹后悔，只能说明我们愚蠢而且消极。

二战后，曾有过不少有关德日两个战败国修复战争创伤的描写，令人至今难忘的是两个细节，一个是德国一间徒有四壁的陋室中摆着插有一朵花的瓶子；一个细节是日本小学生坐在坍塌的教室旁晨读。这两个细节反映了两个民族的精神以及他们在失去面前乐观向上的态度，这是不屈的民族生命力所在，也是二战后德日两国迅速崛起并成为强国的精神动力。

著名作家拿破仑·希尔说："当我读历史和传记并观察一般人如何度过艰苦的处境时，我一直既觉得吃惊，又羡慕那些能够把他们的忧虑和不幸忘掉并继续过快乐生活的人。"原因何在呢？莎士比亚给出了答案。莎士比亚说："明智的人永远不会坐在那里为他们的损失而悲伤，却会很高兴地去找出办法来弥补他们的创伤。"

生活中，我们必须面对现实，接受已经发生的任何一种情况，使自己适应，然后忘掉它，继续向前走。


燕雀、荆棘鸟和海鸥听说大海是个广阔的市场，到那里的人们都能挣到很多钱，于是它们决定一起去闯荡一番。

燕雀变卖了所有的家当，又四处奔波，东挪西借，凑到了一笔本钱带上；荆棘鸟想做服装生意，于是进了各式各样的衣服；海鸥想：海上的人食物很单调，我就贩卖罐头吧！不会变质，肯定受欢迎。他们怀着各自美好的梦想上船了。

但是，它们的美好梦想很快就泡汤了，一场突如其来的暴风骤雨把它们的船打翻了，燕雀装本钱的箱子，还有荆棘鸟和海鸥的货物全部沉到了海底。唯一幸运的是，它们三个都平平安安地回到了陆地上。

燕雀垂头丧气，担心遇到债主，白天就躲藏起来，到了夜深人静的时候才谨慎地出来觅食；荆棘鸟一直在想，说不定自己的衣服被海上的人捡到了穿在身上，于是派它的亲戚朋友站在路边，有人路过就拉住别人不放，看看究竟是不是自己的衣服；海鸥也心有不甘，整天在海上盘旋，琢磨着罐头可能会沉到什么地方，时不时潜下水去寻找。

它们一直都这样，以至于它们的后代还在不停地逃避和寻找失去的东西。


不必烦恼，是你的想跑也跑不了，不必苦恼，不是你的想得也得不到。

我们不应该把宝贵的时间和精力花在不停地寻找已经失去的东西上。有失必有得，我们更应当注意到，在经历了人生的洗礼后，我们得到了什么。

英国前首相戴维·劳合·乔治有一个习惯：随手关上身后的门。

有一天，乔治和朋友在院子里散步，他们每经过一扇门，乔治总是随手把门关上。

"你有必要把这些门关上吗？"朋友很是纳闷。

"哦，当然有这个必要。"乔治微笑着对朋友说，"我这一生都在关我身后的门。你知道，这是必须做的事。当你关门时，也将过去的一切留在后面，不管是美好的成就，还是让人懊恼的失误，然后，你才可以重新开始。"

记得随手关上身后的门，学会将过去的失误、错误通通忘记，不要沉湎于懊恼、后悔之中，一直往前看。这时你会发现，我们在每一天里重新诞生，每一天都是我们新生命的开始。

# 你就不能对压力友好点吗

压力有大有小，你把它看得重，它就重；你把它看得轻，它就轻。与孩子的善于遗忘和善于学习相比，成年人由于太依赖习惯和常规，对压力的态度就显得不那么友好。

然而，适当的压力对人来说，绝对是不可缺少的清醒剂。它让你不畏惧困难，懂得思考如何进入新的局面、如何打破旧的格局，甚至让你萌发自信和勇气，这些都是帮助你将来获得幸福的先决条件。任何人都要接受压力的挑战。

著名的凯撒大帝从一个没落贵族荣升到罗马最高统帅，建立起庞大的帝国，每个时期他都肩负沉重压力，并跨越重重险阻，最终才收获成功。

凯撒19岁时，家族权威人士从集团利益出发，要求他放弃原来的婚约，与当权派人家的女儿攀亲，甚至不惜使出各种手段进行胁迫。然而面对压顶的阻力，凯撒毫不退缩，坚持自己的主张，甘愿让个人财产和妻子的嫁妆被没收，并上演了一场出逃完婚的剧目，为自己赢得了信守诺言的美誉，这也是后来将士们愿意追随他的重要原因。

当凯撒搬开了第一个巨大压力后，他又用了足足38年的时间，一步步从军营、战场，走向政坛，而在这过程中，他时刻都要对抗难以计数的压力。在与压力抗衡的过程中，凯撒没有浪费时间去烦恼，而是把越来越沉重的压力变成动力，他不断挖掘自己的各种优势，包括发挥他的军事才能，并用他英俊的容貌、机智的谈吐以及坚毅镇定的心志博得大家的尊重敬仰，彻底扫除拦在成功前面的障碍。

美国前总统华盛顿说："一切和谐与平衡，健康与健美，成功与幸福，都是由乐观与希望的向上心理产生的。"不因压力而放弃既定的目标，这是凯撒取得辉煌成绩的原因之一。

明知道压力不可能消失，整天妄想没有压力的生活无疑是给自己心里添愁。其实，遭遇压力时最聪明的做法就是赶紧跳出来，分析自己的压力来源，思考如何将它转变成有效的动力。

很多成年人都爱说，要是我们永远不长大，做一个单纯懵懂的孩子，不用承担来自事业、情感、家庭、社会的压力，生活一定很甜蜜和轻松，世界一定很美好！

其实，这样的说法是有很多破绽的——因为压力本来就是无所不在的，从一个人出生开始，压力就如影随形。即使作为一个孩子，虽然没有生计的烦恼，却也要熟悉这个新世界的冷热惊喜，也会有各种各样莫名其妙的需求及无法满足的失落。

等到稍大一点，孩子又会因为复杂的社会因素，与他人进行比较、竞争，形成实际的压力。

等到再大一点，只要孩子对生活有了较为明确的目标和要求，就必须承受一份来自环境、体系、制度的压力。但是，因为孩子天性中具备接受新鲜事物的特质，所以他们大多能很快消除压力带来的不适，进而稳重、沉着地应对挑战。

20世纪最伟大的喜剧演员卓别林出生于演员世家，父母因感情不和而离异。当卓别林身体虚弱的母亲在一次演唱时遭到观众喝倒彩，即将失去她唯一的经济来源时，小卓别林却意外地被带到台上代替母亲继续演出。没有想到，卓别林虽然是初次表演，却十分冷静，他故意装出和母亲一样的沙哑歌喉来演唱，最后竟意外得到了观众的认可，赢得热烈的掌声。

虽然这个压力来得很突然，卓别林却能及时解除，这次的表演，无疑是他成功的第一个信号。

从那以后，尽管生活还是无比艰难，卓别林却体认到自己在舞台上的魅力，他忘记了那些贫苦、抱怨，一次次认真学习表演的技巧。

压力太大，容易让人一蹶不振；压力太小，则容易让人滋生惰性。

适度的压力，不仅能让人保持清醒和活力，还能让人产生自我认同的心理。

拿拳击比赛来说，有经验的教练都会帮选手挑选实力差不多、刚好可以刺激选手斗志的陪练进行训练，让选手可以在每一次比试中慢慢地进步。因为有外来的刺激，选手们不会有停滞不前的困惑，也不会盲目自信，如此他们才能通过不断克服压力，逐渐提升自己的实力。

既然压力人人都有，无法完全消除，那么，我们不妨利用压力来改变我们的生活，创造出一个自己想要的结果。正如诗人歌德所说："大自然把人们困在黑暗之中，迫使人们永远向往光明。"

# 人生不完美，不代表人生不美好

过失与缺憾本就是人生的一大组成部分，只有经历过无数次的过失与缺憾，才能在风雨之后看到彩虹。

接受不完美，是生存的智慧，是营造快乐人生的技巧。善于接受不完美者，才更容易拥有幸福人生。

有位伟大的雕刻家，他的艺术作品是如此完美，以至于当他完成一座雕像时，他的作品令人几乎难以区分哪个是真人、哪个是雕像。有一天，占星师告诉雕刻家他的死亡日期即将来临。雕刻家非常伤心，他开始害怕，就像所有人一样，他也想要避免死亡。他静心思索，最后想到一个方法，他做了十一个自己的雕像。当死神来敲门时，他藏在那十一个雕像之间，屏住了呼吸。

死神感到困惑，他无法相信自己的眼睛，从未发生过这种事！从没听说过上帝会创造出两个完全一样的人，他的创造总是独一无二的，上帝从来不相信任何惯例，所有东西都是唯一的。

到底怎么回事？十二个一模一样的人？现在，他该带走哪一个呢？他只能带走一个……死神无法作决定。带着困惑，他回去了，他问上帝："你到底做了什么？居然会有十二个一模一样的人，而我要带回来的只有一个，我该如何选择？"

上帝微笑地把死神叫到身旁，在死神耳旁轻声说了一个方法，一个能够在"赝品"之中找出真品的方法。他给了死神一个秘密暗号，他说："你到那个艺术家藏身于雕像间的房间里，说出这个暗号。"

死神问："真的有用吗？"上帝说："别担心，你试了就知道。"

带着怀疑的心情，死神去了。他进了房间，往四周看了看，说："先生，一切都非常完美，只有一件小事例外。你做得非常好，但你忘记了一点，所以仍然有个小小的瑕疵。"

雕刻家完全忘记自己得躲起来一事。他跳了出来问："什么瑕疵？"

死神笑着说："抓到你了吧，这就是瑕疵——你无法忘记你自己，天堂都没有完美的东西，何况人间。跟我走吧！"

你还在事事追求完美？你有没有想过你生命的长度？你真的以为世界上有完美的爱人？有完美的朋友？有完美的工作？有完美的老板？你只是在浪费你的时间，那点本来就少得可怜的时间。你肯定还要把大量时间花在唏嘘感叹上，感叹完美真的好难。

放弃完美主义吧，不要把你有限的生命浪费在虚无的完美之中。

从前，有一位画家想画出一幅人人见了都喜欢的画。完成后，他拿到市场上去展出。他在画旁放了一支笔，并附上说明：每一位观赏者，如果认为此画有欠佳之笔，均可在画中作记号。

晚上，画家取回了画，发现整个画面都被涂满了记号。没有一笔一画不被指责。画家十分不快，对这次尝试深感失望。

　　画家决定换一种方法去试试。他又临摹了同样的画拿到市场展出。可这一次，他要求每位观赏者将其最为欣赏的妙笔都标上记号。当画家再取回画时，看画上的记号，一切曾被指责的败笔，如今却都换上了赞美的标记。

　　"哦！"画家不无感慨地说道，"我现在发现一个奥妙，那就是：我们不管干什么，只要使一部分人满意就够了。因为，在有些人看来是丑的东西，在另一些人眼里恰恰是美好的。"

　　任何人都不可能让世上的人都肯定自己，那又何必因为别人的言论而否定自己，生活本身就是不完美的，不要希望自己受到所有人的欢迎。

　　别老是叹息你很穷，只要你健康，只要你年轻，这就是财富，这就是本钱。

　　有一个青年总是抱怨自己时运不济发不了财，终日愁眉不展。

　　这天，他在无意中遇到了一个须发俱白的老人，老人见他愁容满面，于是老人便问他："年轻人，你为什么这样不开心？"

　　"我不明白，为什么我总是那么穷。"年轻人说。

　　老人由衷地说："穷？你很富有啊！"

　　年轻人问道："富有？我怎么不知道？这从何说起？"。

　　"假如今天斩掉你一根手指头，给你一千元，你愿意吗？"老人没有回答，反问道。

　　"不……"年轻人回答道。

　　"斩掉你一只手，给你一万元，你愿意吗？"老人继续问道。

　　"不愿意。"年轻人肯定的回答道。

　　"让你马上变成八十岁的老人，给你一百万，你愿意吗？""不愿意！"

　　"让你马上死掉，给你一千万，你愿意吗？""当然不！"

　　"这就对了。你已经有超过一千万的财富了，为什么还衰叹自己贫穷呢?"老人微笑着说。

年轻人恍然大悟。

追求完美即是不完美。生活中,多少失落、痛苦和不幸正是源于它。

俗话所说,"金无足赤,人无完人",现实就是这样残酷。若过于执著且不肯变通,必然陷入完美主义的心理误区。

只有在不完美中,人们才能找到自己人生的定位。不完美是"昨夜西风凋碧树"的清醒,而完美往往是"高处不胜寒"的迷惘。

杨绛曾说,她愿有一件凡间的隐形衣,而这隐形衣就是身处卑微。权力、财富上的不完美,使一个人隔绝于世,更能清楚地找到自己人生的定位,认清世间百态。

有人甚至说,身体上的不完美成就了霍金。暂且不论此话妥帖与否,不可否认的是:正是这种不完美,使他意识到只有靠超越常人的思维才能立足于社会。类似的事例不胜枚举,而正是这些不完美使一个人清楚地看到前方的路的曲折、路旁的荆棘刺草,也才找到了定位。

# 真正的情绪高手,是怎样自我暗示的

在生活中,我们不自觉地在自己心目中塑造了很多的偶像,并且渐渐地习惯了仰视这些偶像,觉得他们高不可攀,其实这是人生最大的失误,生命没有高低贵贱,任何时候都不要看轻了自己。一个人再强也不要和别人比,再弱也要和自己比。只有挑战过了自己,把以前的自己比下去了,你才会比别人强。

二战后受经济危机的影响，日本失业人数陡增，工厂效益也很不景气。一家濒临倒闭的食品公司为了起死回生，决定裁员三分之一，其中清洁工、司机、无任何技术特长的仓管人员首当其冲。这三种人加起来有30多名。

经理找他们谈话，说明了裁员意图。

清洁工说："我们很重要，如果没有我们打扫卫生，没有整洁、优美、健康有序的工作环境，你们怎么会全身心投入工作？"

司机说："我们很重要，这么多产品没有司机怎能迅速销往市场？"

仓管人员说："我们很重要，战争刚刚过去，许多人挣扎在饥饿线上，如果没有我们，这些食品岂不要被流浪街头的乞丐偷光？"

经理觉得他们说的话都很有道理，权衡再三决定不裁员，而是重新制定管理策略。

最后经理令人在厂门口悬挂了一块大匾，上面写着："我很重要。"

每天当职工们来上班，第一眼看到的便是"我很重要"这四个字。不管一线职工还是白领阶层，都认为领导很重视他们，因此工作也更加努力。

这句话调动了全体职工的积极性，几年后公司迅速崛起，成为日本有名的公司之一。

任何人只要认为自己很重要，那么他就有可能创造出奇迹。

人生的诀窍就是经营自己的长处。在人生的坐标系里，一个人如果站错了位置——用他的短处而不是长处来谋生的话，那是非常可怕的，他可能会在永远的卑微和失意中沉沦。

成才的道路有千万条，每个人都可以选择一条适合自己的路来走，最关键的不是向别人看齐，而是能够对自己做出正确的评估，俗话说："尺有所短，寸有所长。"每个人都有自己的长处和短处，如果只看见自己的短处而看不见自己的长处，或者夸大短处而缩小长处，都是自卑的表现。拿自己的短处去跟别人的长处相比的话，那么任何人都无法自信起来。

每个人身上都蕴藏着一份特殊的才能，那份才能犹如一位熟睡的巨人，等着我们去唤醒它，而这个巨人就是潜能。上天绝不会亏待任何一个人，会给我们每个人无穷无尽的机会去充分发挥特长，只要我们能将潜能发挥得当，我们也能成为爱因斯坦，也能成为爱迪生。无论别人如何评价我们，无论我们年纪有多大，无论我们面前有多大阻力，只要相信自己，相信自己的潜能，就会有所成就。

事实上，世界本来属于我们，只要抹去身上的浮灰，无限的潜能就会像原子反应堆里的原子那样充分发挥出来，我们就一定会有所作为，创造奇迹！

有一个女孩，左额头上有一块伤疤，这让她觉得自己很丑，她对自己的形象非常没有信心，不愿意和别人打招呼，甚至不愿意抬头走路，情绪每天都很低落。

一天，妈妈送了她一只发卡，说把这个发卡别在头发上，就能挡住那块伤疤了。女孩对着镜子把发卡别好，确实遮住了伤疤，她立刻觉得自己变漂亮了，于是就别着发卡出门了。在刚出家门的时候，由于她太高兴了，不小心和迎面走来的一个人撞上了，她面带微笑地说了声"对不起"，就去上学了。

一整天，女孩都觉得心情很好。好像每个人对她都比平时更亲切，她也主动和别人打招呼，上课听讲也更认真了，因为她觉得好像每个老师都在注意她。尤其是在放学的时候，几个平时不怎么说话的同学，居然来找她一起回家。

回到家里，女孩兴奋地和妈妈说："妈妈，你送给我的这个发卡实在太神奇了！今天我感觉特别棒，从来没有感觉这么好过。"接着，她就把当天在学校发生的一切和妈妈讲了。

妈妈听后，纳闷地说："女儿，可是你今天并没有戴这个发卡啊，你看，早上你出门后，我在门口捡到了它！"

故事中这个女孩的变化，就是受到了积极的自我暗示的作用。坚持心理上积极的自我暗示，对改变个人现状、获得新的做事思路是非常重要的。

那么，在实际生活中，怎样通过积极的心理暗示来决定处理事情和工作的思路呢？

（1）利用语言的自我暗示。用于自我激励的话，要有积极、肯定的意义。如："我是独一无二的""我对自己充满信心"。

（2）利用环境的自我暗示。环境的意义很广，可以是人、物、光、声音等。例如心情烦躁时可以听听曲调舒缓的音乐。

（3）利用动作的自我暗示。紧张不安时，可以扩胸做深呼吸；心情烦闷时，可以反背双手散步。

（4）利用自我"包装"的自我暗示。剪短头发让人看起来年轻精干，长发披肩使人潇洒美丽。服装样式很少改变，暗示保持自己个性不随波逐流。

（5）利用心理图像的自我暗示。消极悲观不如意时，回忆过去取得成功的愉快情景；身处逆境，信心动摇时，想象成功人士艰苦奋斗的情景。

**链 接**：**你是否经常受情绪的影响**

**测试开始：**

1.看到自己最近一次拍的照片，你有何想法？

A.觉得不称心

B.觉得很好

C.觉得可以

2.你是否想到若干年后会有什么使自己极为不安的事？

A.经常想到

B.从来没有想过

C.偶尔想到过

3.你是否被朋友、同事或同学起过绰号、挖苦过？

A.常有的事

B.从来没有

C.偶尔有过

4.上床以后，你是否经常再起来一次，看看门窗、厕所的灯关好没有？

A.经常如此

B.从不如此

C.偶尔如此

5.你对与你关系最密切的人是否满意？

A.不满意

B.非常满意

C.基本满意

6.半夜的时候，你是否经常有觉得害怕的事？

A.经常

B.从来没有

C.偶尔有这种情况

7.你是否经常因梦见什么可怕的事而惊醒？

A.经常

B.没有

C.偶尔

8.你是否曾经有多次做同一个梦的情况？

A.有

B.没有

C.记不清

9.有没有一种食物使你吃后呕吐？

A.有

B.没有

C.记不清

10.除去看见的世界外，你心里有没有另外的世界？

A.有

B.没有

C.记不清

11.你是否时常觉得不是现在的父母所生？

A.时常

B.没有

C.偶尔有

12.你是否觉得有人爱你或尊重你？

A.是

B.否

C.说不清楚

13.你是否常常觉得你的家庭对你不好，但是你其实清楚他们的确对你很好？

A.是

B.否

C.偶尔

14.你是否觉得没有80%了解你的人？

A.是

B.否

C.说不清楚

15.你在早晨起来的时候最经常的感觉是什么？

A.忧郁

B.快乐

C.说不清楚

16.每到秋天，你的感觉是什么？

A.秋雨霏霏或枯叶遍地

B.秋高气爽或艳阳天

C.不清楚

17.你在高处的时候，是否觉得站不稳？

A.是

B.否

C.有时是这样

18.你平时是否觉得自己很强健？

A.是

B.否

C.不清楚

19.你是否一回家就立刻把房门关上？

A.是

B.否

C.不清楚

20.坐在小房间里把门关上后，你是否觉得心里不安？

A.是

B.否

C.偶尔是

21.当一件事需要你做决定时，你是否觉得很困难？

A.是

B.否

C.偶尔是

22.你是否常常用抛硬币、翻纸牌、抽签之类的游戏来测吉凶？

A.是

B.否

C.偶尔

23.你是否常常因为碰到东西而跌倒？

A.是

B.否

C.偶尔

24.你是否需要一个多小时才能入睡或醒得比你希望的早一个小时？

A.经常这样

B.从不这样

C.偶尔这样

25.你是否曾看到、听到或感觉到别人觉察不到的东西？

A.经常这样

B.从不这样

C.偶尔这样

26.你是否觉得自己有超乎常人的能力？

A.是

B.否

C.不清楚

27.你是否曾经觉得因有人跟着你走而心里不安？

A.是

B.否

C.不清楚

28.你是否觉得有人在注意你的言行？

A.是

B.否

C.不清楚

29.一个人走夜路时，是否觉得前面暗藏着危险？

A.是

B.否

C.偶尔

30.你对别人自杀有什么想法？

A.可以理解

B.不可思议

C.不清楚

**评分标准：**

以上各题的答案，选A得2分，选B得0分，选C得1分。把你的得分加起来，算出总分。总分越少，说明你的情绪越稳定，反之越差。

**结果分析：**

总分0~20分：你的情绪稳定、自信心强，能面对现实，具有较强的道德感、美感和理智，有较强的情绪自控能力。社会适应能力较好，能理解周围人的心情。你是个性情爽朗、受人欢迎的人。

总分21~40分：你的情绪基本稳定。能沉着应对生活中出现的一般问题，但因为对事情的考虑过于冷静、淡漠和消极，所以常常不善于发挥自己的个性，使自信心受到压抑，办事热情忽高忽低，易瞻前顾后、踌躇不前。

总分41分以上：你的情绪极不稳定。不容易应付生活中的挫折、容易冲动，感到日常烦恼多，使自己的心情处于紧张和矛盾之中。

如果你的得分在50分以上，则是一种危险信号，你最好去做心理咨询或去看心理医生。

# 四

## 要么自控，要么受控于人

如果一个人不具备情感能力，没有自我意识，不能处理悲伤情绪，没有同理心，不知道怎样跟人很好地相处，即使再聪明，他也不会有大的发展。

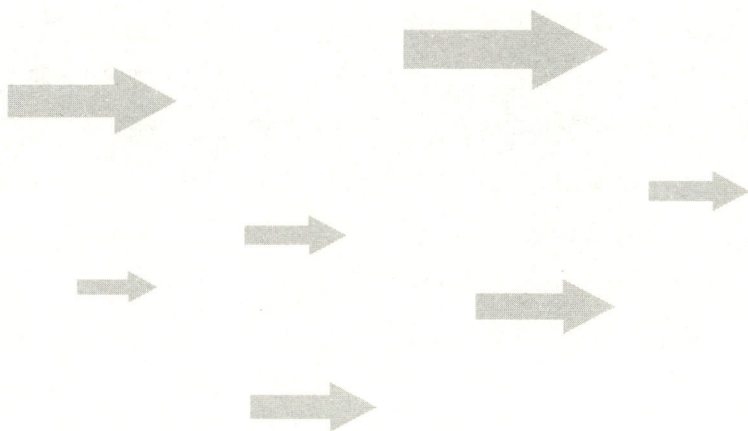

# 会说话的人不给嘴巴太多自由

一个人如果不懂得驾驭自己的语言，口无遮拦，自以为潇洒，其实在不经意中，这些语言中透露出的情绪，就会令自己尽失风度。

一位早年毕业于某高等院校中文系、勤勤恳恳工作了几十年的老教师退休了。为此，学校为他和另一位曾多次荣获过"先进"的退休老同志一并举行了一场欢送会。与会同志和领导对他们的工作和为人进行了热情洋溢而又非常得体的肯定和赞扬，相比之下，对那位曾多次荣获过"先进"的老同志的美誉则尤多。当轮到两位受欢迎的退休老同志致答谢辞的时候，他们对大家的赞誉作了深情的感谢。一时间，会场里充满了一种令人动情的温馨气氛。

作为答谢，本该在恰当的时刻收尾，然而，那位老教师却并未就此打住，却由人们对另一位"先进"的赞扬中引起了感触，并作颇为欠当的联想和发挥："说到先进，很遗憾，我从来也没有得过一次……"

突然，坐在他对面的、平日与他相处得不太融洽的一位青年教师抢了话头："不，那是我们不好，不是你不配当先进，是怪我们没有提你的名。"

话语中带着一种不肯饶人而又让人难堪的"刺"，冷不防，老教师的眼角眉梢被"刺"出了一股感伤的表情，一时间会场中出现了一种怏怏不悦的尴尬气氛。一位领导见势不对，马上接过话茬，想把气氛缓和一下。照理说，这时，他应避开"先进"这个敏感的话题，转而谈论其他。然而，他却反反复复劝慰那位退休老教师，叫他对"先进"的问题不要在意，说没有评过先进，并不等于不够先进，先进不仅在名义，更要看事实。

如此等等，一席话，等于是把本应避而不谈的话题作了重复和引申，使本已尴尬的局面显得更为尴尬。

这样一个发生在我们身边的故事，我们不妨把它叫作一个"不会说话的故事"。从这个故事中，我们可以引出几点发人深思的教训来：

一是那位退休老教师的教训：不该作无谓的比照。比照，是谈话中常用的一种手法。用得好，可以使谈话产生某种积极的效果。这里，"积极的效果"是应该特别注意的。在退休欢送会这样的场合，人家所说的往往都是一些富有情感而又不失其真的十分得体的人情话和好话。对于这种充满人情味的好话，听话者要善于倾听，善于应答，大可不必拿别人的长处来衡量自己的短处，从而引起自己的不快。

二是那位青年教师的教训：不要在别人失意之火燃烧时火上浇油。与人相处，难免会发生这样那样的事情，在一位勤勤恳恳工作了一辈子的老前辈即将退休时，即使老先生平时在某些方面不善为人处世而与自己伤了和气。然而在欢送会这种场合，我们却不能乘别人一时失言，抓住不放，图一时之痛快而说出那些不合人情的刻薄话。在这种场合，无论如何，还是要在"欢"字上多考虑一些，"欢送"就是要高高兴兴的，要尽可能多留一点美好给人家。

三是那位领导的教训：应注意避开敏感话题。领导者的领导能力固然表现在原则性上，在会场上一时出现了某种始料未及的尴尬局面时，他没有直接去批评那位言之有失的青年教师，他竭力肯定那位老教师的贡献：具有这种应急应变的意识并立即着手应变，这些都是无可厚非的。然而，从具体的应变能力和言语技巧看，却又显得很不够。照理说，在这种场合，他应竭力避开"先进"这个敏感的话题，"顾左右而言他"，巧妙地把话题岔开，使欢送会的气氛由暂时的不欢而重新转向欢快，并顺势掀起新的高潮，而不是如他所做的那样在敏感话题上唠叨不休。能否机敏地避开某些不宜多说的话题，对领导者的领导能力也是一种很好的检验。

三个方面的教训，合为一点就是：要管好自己的嘴。

在某一次朋友聚会上，小梅讲起她大学一位教授的秘密事时说："我们那个哲学老师私生活很不检点。听说他有三个老婆，一个在香港地区，一个在加拿大，另外一个就是现在和他在一起的妻子。我们毕业的那段时间，又听说他要离婚，打算娶我们学校的一个女老师。"

陈菲实在憋不住了就问："你为什么这么清楚？"

小梅说："大家都知道啊！"

"大家是谁？"

"学生们啊！"

直到后来，陈菲问她道："小梅，你知道我是谁吗？"

小梅有些迷惑，说："你不是陈菲吗？"

"我是你说的那位教授的女儿！"

小梅窘住了。

不看场合，口无遮拦，想到什么说什么，即便是说话者再能言善辩，也很难挽回尴尬的局面。

在不了解情况的时候，千万不要信口开河、搬弄是非。说不准听你说话的人，就是你要贬低的对象，如果这个人又是你即将合作的客户，或者你的领导的某位亲戚，那么你将无意间为你的事业设置了一个障碍。

"张某借了王某的钱不还，存心赖账，真是卑鄙。"昨天你对一个朋友这么说。这话是从王某那里听来的，他当然站在自己的立场说话。人都是觉得自己是对的，当然不易把话说得很公正。

如果你有机会见到张某，他也许会告诉你，他虽然借了王某的钱，但有房屋契约押在王某那里。因为自己一笔钱被别人耽误了，到期不能清还，只好延长押期。当初王某表示若有需要，随时可以延长押期，而今王某急于拿回现款，张某一时无法立刻付清，既然有抵押物，就不能说他是赖账。

首先你要明白的一点就是，你所知道的关于别人的事情不一定可靠，也许另外还有许多隐情你不曾了解。如果你贸然拿你所听到的片面之言宣扬，不是颠倒是非，就是混淆黑白。话说出口就收不回来了，一旦事后你彻底地明白了真相，你还能进行更正吗？

事实上人与人之间的关系大半都是如此复杂，因此，在与人聊天时，你若不知事情所包含的内幕，就不要信口开河。

特别与初次见面或不是十分熟识的朋友接触时，谈话的内容一定要加以甄选，不能口不择言，随便说话。必要时要保持沉默。一旦因为对对方不了解而触犯了人家的忌讳，或者言者无心得罪了别人，就会造成难以挽回的结果。

# 如果你不总是"我我我"，我们还能聊

说话时，常用"我"开头或代表自己观点的人，敌人只会愈来愈多；而常用"我们"的人，敌人也会变成朋友。

农夫甲和农夫乙忙完了田里的工作，一起回家。他们走在路上，农夫甲忽然发现地上有一把斧头，就跑过去捡起那把斧头。他说："我们发现

你的不自律

正在慢慢毁灭你

的这把斧头还挺新啊！"就想带回家占为己有。农夫乙看到这把斧头是农夫甲发现的，应该归他所有，就对农夫甲说："你刚才说错了，你不应该说'我们发现'。因为这是你先看见的，所以你应该改口说'我发现了一把斧头'才对。"

他们两个人继续往前走，农夫甲的手上仍然拿着那把斧头。过了一会儿，遗失这把斧头的人走了过来，远远地看见农夫甲的手上拿着他的斧头，就匆匆忙忙地追上来，眼看对方就要追上来了。这时候农夫甲很紧张地看农夫乙一眼，然后说："怎么办？这下子我们就要被他捉到了。"

农夫乙听他这么一说，知道甲想把责任归咎到两个人的身上。于是农夫乙就很严肃地对农夫甲说："你说错了，刚才你说斧头是你发现的，现在人家追来了，你就应该说'我快被他捉到了'，而不是说'我们快被他捉到了'。"

亨利·福特二世描述令人厌烦的行为时说："一个满嘴'我'的人，一个独占'我'字，随时随地说'我'的人，是一个不受欢迎的人。"

在人际交往中，"我"字讲得太多并过分强调，会给人突出自我、标榜自我的印象，这会在对方与你之间筑起一道防线，形成障碍，影响别人对你的认同。

因此，会讲话的人，在语言交流中，总会避开"我"字，而用"我们"开头。

每个人的内心或多或少都存有潜在的"自我意识"，谁也不愿意被别人左右。如果他认为你是在说服他，那么他的反抗意识就会更加激烈，而不愿意接受你的看法，即使你说得天花乱坠、头头是道，在他眼中也不过是为谋取私利而进行的伪装表演。

我们经常看到记者这样采访："请问咱们这项工作……"或者："请问咱们厂……"我也经常发现演讲者使用"我们是否应该这样""让我们……"等表达方式。这样说话能使对方觉得和你的距离接近，听来和缓亲切。因为"我们"这个词，也就是要表现"你也参与其中"的意思，所以会令对方心中产生一种参与意识。

比如说"你们必须深入了解这个问题"，便拉开了听众与演讲者的距离，使听众无法与你产生共鸣。如果改为"我们最好再做更深一层的讨论"就会缩短与听众之间的距离，使气氛立刻活跃起来。

经常使用"大家""我们"等这类字眼，会使人感觉到大家均是同路人，是生命共同体，于是对方原本顽固的心理防线便会不攻自破，并在不知不觉中认同你的观点。自我意识愈强的人，越容易被对方这种"我们"说话策略所催眠。

有人说：

语言中最重要的5个字是："我以你为荣！"

语言中最重要的4个字是："您怎么看？"

语言中最重要的3个字是："麻烦您！"

语言中最重要的2个字是："谢谢！"

语言中最重要的1个字是："你！"

语言中最次要的1个字是："我"。

人们最感兴趣的就是谈论自己的事情，而对于那些与自己无关的事情，大多数人都会觉得索然无味，对于你表现最大兴趣的事情，常常不仅很难引起别人的同情，而且别人还会觉得好笑。

年轻的母亲会热情地对人说："我的宝宝会叫'妈妈'了。"她这时的心情是高兴的，可是旁人听了会和她一样高兴吗？不一定。谁家的孩子不会叫妈妈呢？你可不要为此而大惊小怪。这是正常的事情，如果有不会叫妈妈的孩子才是怪事呢！所以，在你看来充满了喜悦的事，别人不一定有同感，这是人之常情。

竭力控制住你自己，不要总是谈你个人的事情，比如你的孩子，你的生活。人人喜欢的是自己最熟知的事情，那么，在交际上你就可以明白别人的弱点，而尽量去引导别人说他自己的事情，这是使对方高兴最好的方法。你以充满同情和热忱的心去听他叙述，你一定会给对方以最佳的印象，对方也会热情地欢迎你、接待你。

# 好好听一百句，比说一万句都管用

只有让对方多说，了解他的机会才会越多。而越了解一个人，你就越能赢得他的好感，他就越愿意与你打交道。

当年日本著名的销售员原一平做销售的时候，曾拜访一个建筑企业的董事长渡边先生。渡边一见到原一平就下了逐客令。原一平并没有就此退却，他诚恳地问渡边先生："渡边先生，咱俩年龄差不多，为什么你如此成功呢？能告诉我原因吗？"

渡边先生见原一平求知若渴，想学习自己的成功经验，就不好意思再回绝他，接着，他就讲述了自己的成功历程。没想到一聊就是半天，而原一平始终在认真地听着，并在适当的时候提了一些问题，以示请教。最后的结果可想而知，原一平拿下了渡边建筑公司的所有保单。

所以，收获人心其实很简单，不当话痨，把话语权多给别人一些，你就拥有了更多成功的可能。

确实有许多能言会道的人，他们的嘴是身上最发达的器官，无论走到哪里，嘴巴都是身上最锋利的武器。他们只想表达自己，却很少有心情倾听他人。虽然他们算得上一等一的话痨，和别人交流的机会也非常多，但他们并不了解别人，人缘一般。他们说得越多，了解别人的机会就越少。

纽约大学的社会学专家达尼尔格兰做过这样一个实验：他把每3个女大学生分成一组，每一组由两名同校女大学生和另外一名外校女大学生组成，让她们进行10分钟的交谈。在这个谈话过程中，因为3个人中有两个人是同一所大学的，所以大家谈话的时候就会忽视另外一人。结果，正常对话的同校女大学生在交流中使用的重音占谈话的11%，而被忽视的那名外校女大学生的对话重音达到了41%。而且在这些被忽视的外校女大学生中，也就是重音使用频繁41%的女大学生中，有一半人感到自己性格内向。

这个实验说明，当两个同校女生毫不顾忌地说话时，会夺走另一个外校女生的发言权，导致她因内心不舒服而出现说话声音增大的现象，这表明她产生了一种消极的情绪。因此，从今以后，与人聊天的时，别只顾着自己说，也要问问别人："你是怎么认为的？"多听别人说，引导别人多说，才是有效的沟通之道。

只有很好地倾听别人，才能构建稳定的人际关系。凡是高明的谈话者，都有着很好的倾听素质。

在别人说话时千万要控制住你的嘴，并做到：

不要用不相关的话题打断别人说话；

不要用无意义的评论打乱别人说话；

不要抢着替别人说话；

不要急于帮助别人讲完事情；

不要为争论鸡毛蒜皮的事情而打断别人的话题。

一个倾听高手在倾听过程中如何插话，才有助于达到最佳的倾听效果呢？

根据不同对象可采取不同的方法：

第一，当对方在同你谈某事，因担心你可能对此不感兴趣，显露出犹豫、为难的神情时，你可以趁机说一两句安慰的话。

"你能谈谈那件事吗？我不十分了解。"

"请你继续说。"

"我对此也是十分有兴趣的。"

此时你说的话是为了表明一个意思：我很愿意听你的叙说，无论你说得怎样，说的是什么。这样可以消除对方的犹豫，坚定他倾诉的信心。

第二，当对方由于心烦、愤怒等原因，在叙述中不能控制自己的感情时，你可用一两句话来疏导。

"你一定感到很气愤。"

"你似乎有些心烦。"

"你心里很难受吗？"

说这些话后，对方可能会发泄一番，或哭或骂都不足为奇。这些话的目的就是把对方心中郁结的一股异常情感"诱导"出来，当对方发泄一番后，会感到轻松、解脱，从而能够从容地完成对问题的叙述。

值得注意的是，说这些话时不要陷入盲目安慰的误区。不应对他人的话作出判断、评价，说一些诸如"你是对的""他不是这样"一类的话。你的责任不过是顺应对方的情绪，为他架设一条"输导管"，而不应该"火上浇油"，强化他的抑郁情绪。

第三，当对方在叙述时急切地想让你理解他的谈话内容时，你可以用一两句话来"综述"对方话中的含意。

"你是说……"

"你的意见是……"

"你想说的是这个意思吧……"

这样的综述既能及时地验证你对对方谈话内容的理解程度，加深对其的印象，又能让对方感到你的诚意，并能帮助你随时纠正理解中的偏差。

以上三种倾听中的谈话方法都有一个共同的特点，即不对对方的谈话内容发表判断、评论，不对对方的情感做出是与否的表示，始终处于一种中性的态度上。切记，有时在非语言传递的信息中你可以流露出你的立场，但在语言中切不可流露，这是最重要的。如果你试图超越这个界限，就有陷入倾听误区的危险，从而使一场谈话失去了方向和意义。

谁想要从另一方那里得到更多的东西，谁就必须做到一点：多听少说。谁说得越多，谁获得的东西就越少。

# 种豆得豆，你的幸运并非来自偶然

"以牙还牙，以眼还眼"是人们社会交往中的典型游戏规则。无论恩仇，你都会得到对方的回报，这正是老子所说的"来而不往非礼也"。

与其进行仇恨的"礼尚往来"，我们不如做真正的礼尚往来，互相友好。

汉王四年，韩信平定了齐国，他向汉王刘邦上书："我愿暂代理齐王。"刘邦大怒，转而一想，他现在身处困境，需要韩信，就答应了。韩信力量更加壮大，齐国人蒯通知道天下的胜负取决于韩信，就对他说："相你的'面'，不过是个诸侯，相你的'背'，却是个大富大贵之人。现在，刘、项二王的命运都悬在你手上，你不如两方都不帮，与他们三分天下，以你的贤才，加上众多的兵力，还有强大的齐国，将来天下必定是你的。"

韩信说："汉王三待我恩泽深厚，他的车让我坐，他的衣服让我穿，他的饭给我吃。我听说，坐人家的车要分担人家的灾难，穿人家的衣服要思虑人家的忧患，吃人家的饭要誓死为人家效力，我与汉王感情深厚，怎能为个人利益而背信弃义。"

过了些天，蒯通又去见韩信，而且他还告诉韩信时机失去了便不再来，韩信虽然有点犹豫，但想到汉王的恩情，最终没有听蒯通的。

通晓人情从反面讲，就是要"己所不欲，勿施于人"。如果你爱面子，那你就不要伤别人面子；你要尊重，就不能不尊重别人。"只许州官放火，不许百姓点灯"像这样的事，也不是没有人做。

项羽就是这样的人。他虽然有"霸王"的美称，却只有霸者的习气，没有王者的风范。他自己想称王，却想不到手下的弟兄也想做官。该赐爵的时候，爵印就在他手里，棱角都磨损了，可是他还是舍不得颁发下去。

因此，与其说项羽败给刘邦，还不如说他输给了人情。

你的生活中也许没有很大的"人情"，但是也别小看那些积少成多的"面子"。

A和B同在办公室工作。一次，A去市政府听报告，B不知道，因此对A很有意见，当面质问A为什么不告诉他听报告的信息，两人因此而大吵起来。这时候部门领导了解吵架的原因后，对B说："听报告没有通知你，这不是A的错，是我没有要他通知你，因为你们两人有一个人去听报告就行了。你如果有意见就对我提吧，不要责怪A。"B听后，觉得自己错了，于是主动向A致歉，部门领导又对A说："B是把你当好朋友，所以才这样有什么跟你说什么，发火也不掩饰，要是换了别人，当面不说，暗地里苛责你不是更不好吗？"A听了，觉得B脾气是不好，但是为人却很坦白有什么说什么，反倒放下心里的石头了，于是大方地接受B的道歉，他们又和好如初。而那位部门主任在他们心里的地位更是大大提高了，A和B都觉得这个领导值得信赖，有亲和力。

由此可见，给人留足面子，也就是为自己铺设社交网的基础。

当你对朋友的所作所为有意见时，劝诫的时候也要给朋友面子。你要先说"你的某某事做得挺棒，效果、反应都不错"，然后，你再用"就是"

"但是""不过"等来做转折。每个人都明白，这些词语后面的才是真正要说的话，但前面的话一定要说，因为它不是假话，也不是废话，而是为营造一种和谐气氛的客气话。直来直去的语言会扫了对方的面子，让对方对你产生反感心理。所以，委婉的话少不了。如果你不能用心良苦，为朋友着想，保全朋友的面子，那么朋友脸上挂不住自己也会弄得不好意思。

当然，给别人面子要给得恰当，不恰当就是不给面子。如果被请之人地位很高，而你又没有给他应有的待遇，则会弄巧成拙，把给面子的事情弄成了伤面子的事情。

人人都要维护自己的面子，所以就会在社会交往中发生这样的事，两个争执的人常会找第三方——比如你——来评理，让你给他们分个高下。

这时，为了你们的友谊不受伤害，你就需要让他们平息纷争，能解决了问题最好，不能解决实际的问题，至少也要给足双方面子，不能厚此薄彼，这就是"打圆场"。"打圆场"运用得好，可以融洽气氛、联络感情、消除误会、缓和矛盾、平息事端，还有利于应付尴尬、打破僵局、解决问题。因此，"打圆场"是协调人际关系中人们必须具备的一种技能。

无论做什么事情都有诀窍，打圆场也有打圆场的学问。归纳起来，主要有以下几点：

揭示矛盾的症结所在，引导双方自省。当双方为某事争论不休，各说一套、互不相让时，作为矛盾的调解人，无论对哪一方进行褒贬过分地表态，都犹如火上浇油，甚至会引火烧身，不利于争端的平息。因此，此时你只能比较客观地将矛盾的真相说清楚，而不加任何评论，让双方从事实中反省自己的缺点或错误，使矛盾得到解决，达到消除误会实现团结的目的。

将双方有争议的话题岔开，转移注意力。如果不是原则性的争论，双方各执己见，那么这场争论又没有必要再继续下去，作为第三者，如果仅仅向双方力陈己见，理论一番，恐怕不会有效。这时，你不妨岔开话题，转移争论双方的注意力。

巧用调虎离山，暂熄战火。如果任由一些无原则的争论发展下去，它就会变成争吵，甚至大动干戈。如果双方火气正旺，大有剑拔弩张、一触即发之势，第三者即可当机立断，借口有什么急事（如有人找或有急电）把其中一人支开，让他与另一个人暂时脱离接触。等过一段时间他们消了火气，头脑冷静下来了，争端也就趋于平静了。

对双方的论点进行归纳后，公正评价。假如争论的问题有较大的异议，而双方的观点又都有偏颇，但是本质十分接近，只是由于自尊心，双方又都不肯服输，那么第三者应照顾双方的面子，将双方见解的精华进行系统地归纳，也将双方观点的糟粕整理出来，做出公正评论，阐述较为全面的双方都能接受的意见。这样，就把争论引导到理论的探讨、观点的统一上来了。

巧妙地联络感情，寻找共同点。假如你想让两个彼此成见很深的人消除前嫌；假如你的亲人突然遇到过去关系很坏的人而你又在场；假如你作为随从人员参加的某个暂处僵局的谈判……作为第三者，你需要做的事情就是联络双方的感情，努力寻找双方心理上的共同点或共同感兴趣的问题。有的时候一幅名画、一张照片、一盘棋、一个故事、一则笑话、一句谚语、一段相同或相似的经历，乃至一杯酒、一支烟都可能成为双方感兴趣的话题，都可以成为融洽气氛、打破僵局的契机。

# 宽容让你的世界更宽广

如何对待自己的对手，不仅可以昭示一个人的心胸气度，而且还会暴露你当前的处境。

2008年9月，美国大选正在如火如荼地进行，以奥巴马、拜登为候选搭档的民主党和以麦凯恩、萨拉·佩林为候选搭档的共和党，正在进行激烈的大选争夺战。两党为了获得选民的支持而口诛笔伐，攻防的策略从对方的政策一直延伸到候选人的弱点。双方阵营的幕僚们恨不得挖地三尺找出对方候选人的弱点，以污化对方在选民中的形象。

就在这个时候，有媒体曝出一个惊人事件：共和党副总统候选人佩林的17岁女儿未婚先孕。这个"丑闻"无疑给佩林的脸抹上了一层尴尬的灰土，因为佩林一直声称是反对早孕的人，而作为一个副总统候选人，居然连自己的孩子都没管好，如何去为国人表率，管理国家呢？

佩林本人和共和党顿时陷入一种极度尴尬的境地，陷入了短暂的集体沉默中。这个时候，民主党的很多人士和其支持者，都认为这是上天赐予奥巴马选举阵营的一个宝贵机会，只要奥巴马向佩林发起强烈攻击，就会在人气上再拉一成，以更高的支持率领先共和党阵营。人们都期待着看到奥巴马对此发出的第一轮猛烈的攻势。

这一天，记者终于截住了奥巴马："请问奥巴马先生，您就萨拉·佩林十几岁的女儿未婚先孕一事有何评价？"

这对奥巴马来说无疑是一个绝好的机会，他的一句话就可能成为给对手的致命一击——这也是他的很多支持者希望听到的。但是奥巴马只是轻轻地摇摇头微笑着说："我想说的是，我妈妈18岁时便生下了我！"

　　喧闹的现场一阵沉默！谁都没有想到，奥巴马会给出这样一个仁慈、朴实和高尚的回答，这分明是在帮佩林以及她的女儿辩护，甚至为此牺牲自己的选战形象。他拥有很多答案可以选择，很多答案都可能让他获得政治分。哪怕是沉默而不作答，对他来说也是有利的，他却给出了这样一个高尚的回应。

　　奥巴马的表现令评论界一片哗然，就在政治评论家和分析师都目瞪口呆甚至扼腕叹息的时候，奥巴马的支持率却猛地拉升起来。据调查，很多中间选民开始倒向奥巴马，因为奥巴马博大的胸怀打动了他们，他们认为只有宽仁的人才能胜任美国的总统。

　　而很多人都不知道的是，就在奥巴马发表评价之前，沉默的共和党幕僚们并没有停止行动，他们早就找出了奥巴马出生时的全部资料文件，他们正准备在奥巴马攻击佩林时，以"伪君子"之名攻击奥巴马。但是，他们周密的计划落空了，因为奥巴马的宽仁和诚实令他们无法回击。

　　虽然佩林从奥巴马的宽仁中走了出来，但是在整个选战过程中，贵为共和党副总统候选人的她却始终无法以一种锐利的形象与民主党对抗，更没有用强大的力量攻击奥巴马。

　　我们经常听到"对对手仁慈就是对自己残酷"这样一句话，然而真正高尚仁爱的人，一如奥巴马，他勇于"降低"自己，施仁爱于对手，却往往能真正地赢来别人的尊重。

　　那种动辄就对竞争对手咬牙切齿，不惜背后使绊的人，是一种难登大雅之堂的做法，不可能有什么大出息。苦大仇深是被压迫阶级的形象，咬牙切齿也是劣势者的姿态，志向远大的人，是不会把眼光只盯在身边琐碎的事物上，不会与比自己弱小的人计较，更不会把失败者打翻在地，然后狠狠地踢上一脚的。仇恨是不能解决问题的，只能让人变得更加虚弱不堪。

从长远的角度来看，一切个人的嫉恨怨毒，一切鼓噪生事，一切流言蜚语也好，打击报复也好，在一个大气候相对稳定的情势下，作用十分有限，甚至可能起的是反作用。你见怪不怪，其怪自败。大可以正常动作，平稳反应，保持美好心态，不受干扰，让各种事务按部就班地前进，让你的生活按照既定的轨道前行。或者更简单一点，暂时不予置理就是了。你那么忙，有工作、有学习、有写作、有业务、有使命感也有无限的生活乐趣在身，怎么可能去奉陪那些日暮途穷，再无希望，只剩下在与假想敌的斗争中讨生活的人呢？

有人说：每个人都该明白所谓"爱你的仇人"，不只是一种道德上的教训，而且是在宣扬一种20世纪的医学。他是在教导我们怎样避免高血压、心脏病、胃溃疡和许多其他的疾病。莎士比亚也曾经这样说："不要因为你的敌人而燃起一把怒火，热得烧伤你自己。"倘若我们的仇家知道我们对他的怨恨使我们筋疲力竭，使我们疲倦而紧张不安，使我们的外表受到伤害，使我们得心脏病，甚至可能使我们短命的时候，他们不是会额手称庆吗？再退一步来讲，即使我们不能爱我们的仇人，至少我们要爱我们自己，我们要使仇人不能控制我们的快乐、我们的健康和我们的外表。

很多年来，可口可乐和百事可乐，麦当劳和肯德基，Google和Apple，这些世界上最著名的公司，似乎一刻也没有停止过争斗。争斗的客观效果之一，就是把全世界的眼球都吸引到他们那里去了。不管快餐业还有多少个麦肯鸡、啃啃鸡，都只能在角落里发声，舞台的正中，永远只有两个主角，那就是麦当劳和肯德基，只有他们才配互为对手。事实上，对手是你人生中重要的参照物，只有对手的存在才能证明你本身的价值。

古人在战场上搏杀时，倘若英雄相遇，常常不忍加害，虽然各为其主，场面上打得热闹，内心其实是相互喜欢、相互敬仰的，这样的人我们视为真英雄。因为他们在对手身上看到自己的影子。同是英雄，也就有了理解的基础，有了相互尊重的前提。

人们在遇到挫折的时候总会感叹世情的险恶，人情炎凉，然而，我们究竟该如何来对待这一人生际遇呢？

事实上，世界上绝大多数的人还是好的。他们对待你的态度取决于你对他们的态度。至于他们的毛病，不见得一定比你多。

所以，我们应该努力做到心平气和，冷静理智，谦恭有礼，助人为乐。而不是相反，急火攻心，暴躁偏执，盛气凌人，四面树敌。即使是对于自己不太了解的人，只要不是对你恶意相向，那么还是友好待之为先。

对于素不相识的陌生人不可有恶意，不可有敌意，不可以无端怀疑，不可以拒人于千里之外，更不可以出口伤人，随意中伤，到头来只能暴露自己的幼稚与低级，甚至对那些或某一个对你确实是心怀敌意乃至已经不择手段地陷害你的人。你也可以反躬自问：我自己到底有什么毛病？有什么使他或她受到伤害的记录？有没有可能消除误解化"敌"为友？还要设身处地想想对方有没有情有可原之处。进一步想，对方之所以险恶，不无背景来由。从另一方面想，险恶的心情和弱势的处境很可能有关系。

其实，珍惜对手就是珍惜自己，宽容对手就是自尊的表现。一个真正相配的对手，是一种非常难得的资源，从某种意义上说，双方相辅相成，斗争最激烈的时候，也就是双方最辉煌的时候，如果一方消亡，那么另一方势必走向衰退，除非他能脱胎换骨或者找到新的对手。

# 有多少自律，就有多少自由

人生最大的敌人，不是别人，而是自己，是对自己的纵容，纵容自己就是毁灭自己。成功者之所以成功，就是因为他们总是不断反省，永远自律。据哈佛商学院对120位成功人士的调查，发现一个共同的规律就是人人都注重自律。

张伯苓是著名教育家，他长期担任南开大学校长。他责己严格，对学生的要求也是毫不放松。一次上"修身课"的时候，他看到一位学生的手指被烟熏得焦黄，便指责他说："你看，吸烟把手指熏得那么黄。吸烟对青年人身体有害，你应该戒掉它！"但令他没想到的是，这位学生反驳道："您不是也吸烟吗？为什么又来说我呢？"张伯苓被问得说不出话来，憋了一会儿，就把自己的烟一撅两段，坚定地说："我不抽，你也别抽。"

下课以后，他又请工友将自己所有的雪茄全部拿出来，当众销毁。工友非常惋惜，舍不得下手。张伯苓说："不如此不能表示我的决心，从今以后，我跟同学们一起戒烟。"从那次以后，张伯苓就再也没有抽过烟。

控制自己，也不是一件很容易的事情，因为我们每个人心中都存在着理智与感情的斗争。"做自己高兴做的事"，不顾一切地想要达到自己的目的，这并不是真正的对人生和自由的追求。你应该有战胜自己的感情、控制自己命运的能力。一个人如果任凭感情支配自己的语言、行动，那就使自己变成了感情的奴隶。不能自我控制，往往会使自己做出一些错误的举动。

富兰克林是18世纪美国著名的政治家。在工作期间，他和沃茨印刷厂的管理员发生了一场误会。这场误会导致了他们两个人之间彼此憎恨，甚至演变成激烈的敌对状态。这位管理员为了表现出他对富兰克林一个人在排版间工作的不满，把房里的蜡烛全部都收了起来。这种情形一连发生了几次，最后当富兰克林到库房里排版一篇预备在第二天晚上发表的稿子，已经在排版桌前坐好时，却无论怎样都找不到蜡烛。

富兰克林气得立刻跳了起来，他奔向地下室，将管理员痛骂了一顿。岂料管理员转过头来以一种充满镇静与自制的柔和声调说："呀，今天你显得有些激动，不是吗？"

管理员的话就像一把锐利的短剑，一下子刺进富兰克林的身体。富兰克林赶紧逃离了库房。

当富兰克林回去把整件事情反省了一遍后，他立即看出了自己的错误。坦率说来，他很不愿意采取行动来改正自己的错误。然而，富兰克林知道，他必须为自己刚才的行为向那个人道歉，内心才能平静。最后，他花了很长时间才下定决心，走到地下室，把那位管理员叫到门边："我是回来为我的行为道歉的——如果你愿意接受的话。"管理员听后，脸上立即露出了微笑，他说："凭着上帝的爱心，你用不着向我道歉，除了这四堵墙壁，以及你和我之外，并没有人听见你刚才所说的话。因此，不如让我们把这件事情忘了吧！"

在富兰克林的一生中，这件事情成为一个重要的转折点。富兰克林说："这件事教育我，除非先控制了自己，否则我们将无法控制别人。"这也使我们明白了这句话的真正意义："上帝要毁灭一个人，必先使他疯狂。"

在这纷扰的社会中，我们不可能事事都一帆风顺，不可能要每个人都对我们笑脸相迎。有时候，我们也会受到他人的误解，甚至嘲笑或轻蔑。这时，如果我们不善于控制自己的情绪，就会造成人际关系的不和谐，对自己的生活和工作都将带来很大的影响。所以，当我们遇到意外的沟通情景时，就要学会控制自己的情绪，轻易发怒只会产生相反的效果。

善于自我控制，善于克制自己感情，约束自己的言语，控制自己的行为，心理学上称"自制性"或称"自制力"，这是意志品质的一个好的方面。

自我控制，的确是一种智慧。一个能很好地控制自己的人，可以支配自己的激情，支配自己的命运。而一个人想要很好地自我控制，重要的一点就是不能放纵自己的欲望，如果为了寻求眼下的满足，而以牺牲未来为代价的话，那么这种代价所导致的损失将是你终身都无法弥补的。所以，及时地自我控制是非常重要的。

从另外一个方面来看，一个成功的人在与他人交往的过程中，总是习惯地运用求同存异的智慧，而能够自如地运用求同存异智慧的人，肯定是一个有高度自我控制能力的人。

自我控制，就是能合理地控制自己的情绪、行为、语言，就是不排斥他人不同的观点、意见、习惯等。要做到自我控制，很重要的一点就是要多思考、多包容，充分运用求同存异的交际艺术，妥善地处理自己与他人的关系，从而获得人生最大的快乐。在与别人交往、相处的过程中，你要时刻记住"求同存异"的概念——就是尊重每一个人的独特性——如果你不允许别人与你不同，那么最终你只能把自己孤立起来。

在平时的生活中，时时提醒自己要有意识地培养自律精神。比如，针对你自身性格上的某一缺点或不良习惯，限定一个时间期限，集中纠正，这样会取得较好的效果。千万不要纵容自己，给自己找借口。对自己严格一点儿，时间长了，自律便成为一种习惯，一种生活方式，你的人格也会随之更完美。

## 链接：你最怕输什么

你会为了什么而奋不顾身？你人生中最输不起的又是什么？下面这个测试将揭晓答案。

**测试开始：**

1.如果你的朋友穿着不得体，甚至有些庸俗，而她自己却自我感觉良好，还沾沾自喜地向周围人炫耀自己的装扮，这时你会怎么办？

A.直接对她说这样的装扮实在让人无法接受。

B.委婉地对她说："我觉得你穿……更能显出你的气质。"

C.微微一笑，不发表任何言论。

D.昧着良心迎合她，赞美她。

2.聚会中死气沉沉，让大家觉得有些尴尬，你会怎么办？

A.提议玩些能暖场的游戏。

B.与周围的人找话说。

C.不说什么，自顾自地看手机。

D.努力将大家的注意力集中在你的身上。

3.你换了个新发型，可是身边的朋友却告诉你这个发型不适合你，这时你会？

A.觉得对方没眼光。

B.象征性地反驳一句，然后继续欣赏自己的发型。

C.不放在心上，当做什么都没听见。

D.立刻去换一种。

4.你有三个好朋友，你知道你们三个中谁最有吸引力，最有异性缘吗？

A.不知道。

B.只知道自己最没有异性缘。

C.觉得自己最有吸引力。

D.虽然自己不是最好的，但也不是最差的。

5.有人要约你一起吃饭，可碰巧你身上的钱不够付两个人的饭钱，你怎么说？

A.你要请我我就去

B.我们AA制吧！

C.我身上钱不够了。

D.我来买单吧。

6.很多人在一起吃饭的时候，你发现在座的一位平时很招风的同性嘴角有一颗饭粒，而他本人并没有察觉，这时你会怎么办？

A.直截了当告诉他。

B.想办法提醒他。

C.想个方式来令他出丑。

D.什么都不说。

7.你觉得什么样的小孩最可爱？

A.自己家里的。

B.长得漂亮的。

C.有个性的。

D.聪明懂事的。

**评分标准：**

选A得1分，选B得2分，选C得3分，选D得4分。将所得分数相加，对号入座。

**结果分析：**

7~12分：感情。淳朴坦荡的你对感情格外重视，无论是亲情、友情，还是爱情，都能让你非常认真地投入。感情至上的你常常会感情用事，其他方面的委屈你都能消化，但感情方面一旦受了委屈，你就会异常激动，甚至抓狂。

13~18分：自尊。与你相处的前提是认同你的价值观，维护你的自尊心，不尊重你是最令你恼火的事情，当自尊心受到伤害时，你会不顾一切来捍卫自己的尊严。同时，你总是碍于自尊而错过一些机会，因为如果没有尊严，对你来说再大的成就也没有任何意义，低头求人的事你是怎么都做不来的。

19~24分：财富。你是典型的葛朗台式人物，一旦涉及金钱问题，你总是十分敏感，任何惦记你财富的人都是你的敌人。你觉得金钱能带给你实实在在的安全感，这比任何成就都来得实在，那种不能给你带来利益，只是增加虚名的事情，你是无论如何都不会做的。

25~28分：名利。如果让你选择淡泊名利的人生，你一定会郁郁寡欢，因为功名利禄对你来说就是生活的绝大部分。一件事要么有名要么有利，否则对你来说就是毫无价值的。功利心旺盛的你会理所当然地在这种心理的作用下为人处世，一旦你的人生与功名划开，你就会觉得生活索然无味。

# 五

# 压不死你的，只会让你更强大

压力就是你在乎的东西发生危险时产生的感受。这个定义足够大，可以涵盖交通阻塞引起的沮丧和失去事物的痛楚。它包括感到压力时的想法、情绪、生理反应以及你选择怎样应对压力情境。不经受压力，你就无法开创有意义的生活。

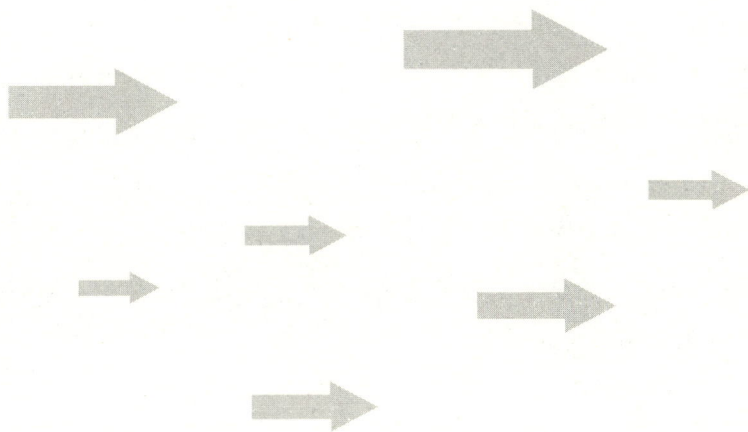

# 完美生活得益于良好心态

每个人的心里都藏着一个名叫"压力"的小魔鬼，它经常会在你不注意的时候偷袭你，让你对这个世界充满恐惧之情，面对这样一个魔鬼，我们如何才能战胜内心呢？

大学同学到一位老师家中聚会，本来是想叙叙旧，可是到了一起，同学们却都在抱怨自己的生活如何不如意，有说自己工作不如意的，有说自己感情生活不满意的，还有说自己身体状况欠佳的，总之就是没有一个人是幸福的。

老师看在眼里，只是笑笑，什么也不说，然后拿出一大堆杯子说道："我不跟你们见外了，你们自己倒水吧。"

学生们纷纷拿起了杯子，倒上水握在手中。

这时，老师说话了："现在，你们每人手里都拿了一只杯子，仔细看看，手里的杯子和桌子上的杯子哪个漂亮些？哪个普通些？……这个很明了，你们手中的杯子都比桌子上的杯子要漂亮些。"

"谁不想自己手里的东西是最好的呢？"一个同学说。

"可是我们需要的是水，而不是杯子啊！其实这就是你们烦恼的根源。"

大家好像都明白了什么。

你需要的是水，就不要去比较杯子，很多时候，我们常依着错误的认知在行事，其实不该如此确定自己的看法是正确的。当看到美丽的太阳，你可能相信太阳就是现在这样子，但是科学家会告诉你，那是它八分钟前的样子。因为太阳与地球相距遥远，阳光需要花八分钟才能到达。又如当看着天上的星星时，你相信它就在那里，但事实上它可能在一千年、两千年甚至一万年前就已经消失了。

有一个人独自去旅行，第一站就是游历名山。当她气喘吁吁地到达山顶的时候，立刻被眼前美丽的景色迷倒了。立于山巅，所有景色收于眼底，奇峰怪石，烟雾缭绕，美得令人心旷神怡。

都说无限风光在险峰，不爬到山顶，怎么能欣赏到如此美丽的景致呢？她唏嘘不已，拿着相机不停拍，似乎想把这美丽的景致全拍下来，天色向晚犹不自知。

下山时，她才发现，原本热闹的景区早已经少有游人了，而自己原本要搭乘的那辆班车也已经错过了。她在山下，抱着相机长吁短叹，愁眉不展。从山下到自己临时租住的小旅馆，至少有5公里的距离，步行回去至少要一个小时，更何况从早晨到现在，她已经在山上耽搁了整整一天，体力早已耗尽，哪还有力气走回去呢？

她坐在路旁，开始生自己的气，恨不得抽自己一巴掌。

正想着，一个卖山珍的老人收好摊子，回头问她："姑娘，天都黑了，怎么还不回去，在等人啊？"

她气呼呼地说："没车了，怎么走？"

老人说："没车了，就走回去，生气有用吗？"

她说："走不动了，我在气自己糊涂。"

老人乐了："就这事也值得你生气啊？我问你，你上山干什么来了？"

她说："旅游，看风景，放松心情啊。"

老人说："这就对了。既然是旅游，怎么游都是游，坐车和走路有什么不同？既然旅行是为了快乐为了愉悦心情，你又何必自己和自己过不去呢？"

她恍然大悟地点点头。真的迈开大步，徒步返回自己租住的小旅馆。尽管山里的夜黑漆漆的，可那是她第一次在山里走夜路，不一样的经历有了不一样的感觉。回到旅馆的时间比原来设想的还提前了一刻钟，洗漱完，她躺在旅馆的小床上，透着窗户，看着窗外的弯月，内心有一种从没有过的安宁。

在生活中，我们每个人都可能有莫名的气愤，莫名的烦恼，看到什么都不顺眼，做什么事都提不起精神来，为什么会这样呢？

也许是因为生活压力太大，也或许是因为工作中遇到困难，甚至是家里人出现了什么意外……看起来，这些都是生气、烦恼的诱因，但是究其根本，却是一个人的认知问题。

弘一法师说："有些人因为错误的认知而痛苦了十几、二十年，他们相信别人背叛或厌恶他们，即使对方可能只是出自一番好意。一个错误认知的受害者，不但使自己痛苦，也连累周围的人。"

我们必须非常小心地看待自己的认知，否则就会因此而受苦。你可以试着在纸条上写上："你确定吗？"然后贴在房间，这将对你有很大的帮助。

所以当生气、痛苦时，请回归自我，深入地检视认知的内涵与本质，检视所相信的事。如果能去除错误的认知，祥和与幸福的感觉就会在心中浮现，你也会有能力重新爱别人。

# 与其抱怨身陷黑暗，不如提灯前行

大多数人都会觉得抱怨是很好的发泄工具，在受到挫折或面临困难的时候放松自己的心情，然而往往忽略这种情绪对自己的严重影响。

唐朝宰相裴休是一个虔诚的佛教徒，他的儿子裴文德年纪轻轻就中了状元，进了翰林院，位列学士。但裴休认为儿子虽然科举成功，但还没有真实的人生历练，不希望他这么早就飞黄腾达。因此，他就把儿子送到寺院中修行参学，并且要他先从行单（苦工）上的水头和火头做起。

于是，这位少年得意的翰林学士不得不天天在寺院里挑水、砍柴。每天他都累得精疲力尽，心中不免牢骚，抱怨父亲不该把他送到深山古寺中做牛做马。但父命难违，他也只好强自忍耐。时间一长，裴翰林又把心中的怨气发到了寺里的和尚头上，心说这里的方丈太不识趣了，我不如写首诗，让他给我换个轻松差事。

于是有一天，裴翰林担水的时候就在墙壁上题了两句诗：

翰林挑水汗淋腰，和尚吃了怎能消？

该寺住持无德禅师看到后，微微一笑，当即在裴翰林的诗后也题了两句：

老僧一炷香，能消万劫粮。

裴文德看过后，心说自己实在太浅薄了，从此收束心性，老老实实地劳役修行。

普通人有一个共同的毛病：肚子里搁不住抱怨，有一点点喜怒哀乐之事，就总想找个人谈谈；更有甚者，不分时间、对象、场合，见什么人都把抱怨往外掏，从而使自己的心情也很差。

有一位年轻人，他在乘坐公交车的时候，看到一位老太太牵着她的孙子上了车，车上的人非常多，已经没有了座位。年轻人看老太太年龄已经很大了，于是就把自己的座位让给她，可是，老太太很心疼孙子，把座位让给了孙子坐。

年轻人在心中嘀咕："我是看你年龄大，站立不稳，才给你让座啊！"

过了两三站之后，老太太和她的孙子就要下车了。老太太回头四处张望着，她并不是在找年轻人，而是在车的后面有一位她认识的年轻人，她把这位年轻人叫了过来，让他坐到了这个座位上。

年轻人心中想："怎么有这种人呢？我让座位给你，你不坐了，也应该还给我啊，至少也应该向我表达一下谢意，你却什么都不说，还叫别人来这里坐。"

为了此事，这个年轻人耿耿于怀，总是想起这件事情。十多年过去了，他还在不停地向别人抱怨着这件事，以此来说明人性是多么自私。

其实，这位年轻人没有做到放下，"放下"是事情过了之后，就不再牵挂、不再影响到自己。而这位年轻人却总是向他人抱怨这件事情，他因为这件事而耿耿于怀，甚至向人们谈论了十多年。

不管走到哪里，都能发现许多才华横溢的失业者。当你和这些失业者交流时，你会发现，这些人对原有工作充满了抱怨、不满。要么就怪环境不够好，要么就怪老板有眼无珠、不识才，总之，牢骚一大堆，抱怨满天飞。殊不知，这就是问题的关键所在——抱怨的恶习使他们丢失了责任感和使命感，只对寻找不利因素兴趣十足，自己发展的道路却越走越窄，不断退步。

　　事实上，你很难找到一个会经常大发牢骚、抱怨不停的成功人士，因为成功人士都明白这样的道理：抱怨如同诅咒，怨言越多越容易退步。

　　张岩大学毕业后，凭着自己在学校的优异成绩，进入了一家合资企业工作，预计在5年内升为公司部门经理。

　　野心勃勃的张岩进入公司后准备大干一场。企业的文化提倡民主，提倡基层员工与管理层平等对话和沟通，她对此非常认同，就常常根据自己的看法向部门老板提一些意见，而部门老板也的确是一副虚心好学的态度，非常耐心地倾听。可是过后张岩却很少得到及时反馈，她就认为部门老板不是虚心接受，而是坚决不改。

　　于是，张岩就不再提意见，而是开始发牢骚。时间一长，她的工作满意度开始下降，工作也经常出错，遭到老板的多次批评。不久，公司解聘了她。

　　张岩自我安慰地说，换个工作环境也好。不久她进入一家外资公司，可没过多久，她发现这家公司的管理跟以前那家不能比，日常运作存在太多问题。一时间爱抱怨的毛病又上来了，为此还跟顶头上司发生了几次争执。这次她不等被解聘，就主动提交了辞呈。

　　就这样，5年的时间里，张岩换了数十个工作，每次都是发现新公司的一大堆毛病，抱怨越来越多，当初的职场晋升计划成了一场竹篮打水的梦。

　　是什么扼杀了张岩的晋升梦想？是抱怨。哪个公司不存在问题呢？哪个上司身上没有毛病呢？爱抱怨的员工随时随地都能找到抱怨的理由，可是他最后又能得到什么呢？什么都没有得到，还白白赔上了职业发展的宝贵机会。

　　仔细观察就会发现：没有人因为喋喋不休的抱怨而获得奖励和晋升。

其实这也不难理解，假如一个船上的水手总不停地抱怨：这艘船怎么这么破，船上的环境太差了，食物简直难以下咽，船长是多么愚蠢。试想这样的水手能将自己的工作做到最好吗？

你是否能够让自己在公司中不断进步，这完全取决于你自己。如果你永远对工作现状不满，以抱怨的态度去做事，那你在公司的地位永远都不可能变得更加重要，因为你根本就不能做出重要的成绩。当你觉得自己缺少机会或者是职业道路不顺畅时，不要抱怨环境，而应该问问自己这些问题：

"我是否认同自己的企业与工作？"

"我是否为企业与自己的工作承担了责任？"

"我是否尽到了最大程度的努力？"

……

如果你的回答是否定的，那就停止你的抱怨吧，那只是一些没有意义的语言。

以下是停止抱怨的两个有效步骤：

(1) 当意识到你在抱怨时，应该马上停止自己的抱怨。

(2) 想想自己为什么要抱怨。你可以改正抱怨吗？如果可以，那就开始改正。如果无能为力，那为它生气也是白费力气，要学会以平常心对待。

如果我们一遇到问题就开始无休止地抱怨，一味沉溺在已经发生的事情中，那么我们只会活在迷离混沌的状态中，看不见前头一片明朗的人生，生活也会失去很多乐趣。

心理学家说，人若有抱怨，应该说出来，才不会在心内郁积，憋出病来。这个说法基本上是没错的，但想说可以，却不能"随便"说。生活中，哀伤、郁闷、不满都是每个人会有的情绪。如果人一味抱怨那些让人烦恼的事情，那么永远都不会有一个积极的心态去对待生活。抱怨的事情越多，就会觉得痛苦的事情越多，从而也会对生活失去希望。抱怨就像乌云一样，一直沉浸在其中，只会陷在痛苦的沼泽中不能自拔。

# 没有注定的不幸，只有放不下的执念

我们常常安慰别人说："人生是没有圆满的。"我们不能得到一切，我们永远不会是最幸福的人。然而，谁说人生是没有圆满的呢？我们所拥有的是另一种圆满。

两个渔民因为船只失事而流落到一个荒岛。渔民甲一上岸就愁眉苦脸，担心荒岛上没有充饥之物、落脚之处。乙渔民一上岸就为自己将要开始一段新的生活而欢呼。

两个人在荒岛上找到一个洞口，乙渔民为今晚可以睡一个好觉而庆幸，甲渔民却担心洞里面是否有怪兽。乙渔民安然入睡，甲渔民辗转难眠，不知道明天怎么度过。

上帝可怜两个渔民，让他们在荒岛上意外地发现了一袋粮食。乙渔民高兴得手舞足蹈，而甲渔民担心怎么把生米煮成熟饭，煮出来的饭是否咽得下。岛上没有淡水喝，他们不得不喝水坑里的积水。乙说："喝淡水喝惯了，喝喝雨水换换口味。"而甲渔民极不情愿地把雨水咽下，不停地抱怨。每吃完一顿饭，乙渔民总是很满足地说："又过了一天。"而甲渔民总是叹气："唉，假如粮食吃完了该怎么办呢？"

粮食一天天地减少，终于被他们吃完了。荒岛上还有些野果，他们把它们采摘回来。乙渔民说："运气真好。竟然还有水果吃。"甲渔民哭丧着脸说："从来没有这么倒霉过。上帝不要我活了，竟然要吃这样的野果。"终于野果也吃完了，他们再也找不到其他可以吃的东西了，只好挨饿。为了保持体力，他们只好躺在洞里休息。乙渔民说："想不到我竟然什么也不要做还可以睡觉。"甲渔民绝望地说："死亡离我们越来越近了。"

最后一刻，他们都坚持不住了。乙渔民说："终于可以抛开一切烦恼，投奔天国了。"甲渔民说："我还不想下地狱。"乙渔民死了，脸上挂着微笑。甲渔民死了，脸上充满悲伤。

凡事都看开一点，既然已经发生了，我们就坦然地接受，别再遗憾，这样才能体会美好。天有不测风云，人有旦夕祸福。当遗憾不可预料地降临在我们身上时，我们没有办法改变既定的事实，但是我们可以去承受这一切。

每个人都会多多少少有些贪婪。好奇与利益会使一个人看不到眼前的美好，却使人奢求曾经错过的东西。我们常说："失去了才懂得珍惜。"为何不把平常的错过看得淡一些呢？如果让你选择大海与小河，你会如何呢？也许你会选择波澜壮阔的大海，这意味着你要错过有无数淡水、静谧安详的小河。但你无须悔恨，每条路都有各自美妙的结果。

人生路上，我们无数次被自己的决定或碰到的逆境击倒、欺凌甚至碾得粉身碎骨。但无论发生什么或将要发生什么，我们永远不会丧失价值。所以，创伤是一种历练，而不是惩罚，不要因为自己遭受的挫折、创伤而贬低、否定、惩罚自己，而应该重新整理心情和人生，带着这种创伤留下的疼痛和成熟继续上路。

一个油漆匠去给一个老太太粉刷墙壁。当他走进门，看到老太太的丈夫双目失明时，顿时流露出怜悯的目光。可是男主人开朗乐观，每天都和他的妻子有说有笑，还不时地和油漆匠开开小玩笑，油漆匠在这里工作得十分轻松、惬意。一天，油漆匠忍不住问男主人为什么如此地快乐。

男主人笑了笑："为什么不快乐呢？我在一次事故中失明，虽然我再也看不见阳光和鲜花，但是我能感受到阳光的普照，闻得到鲜花的芬芳。我还有一个健康的身体，最重要的是我的妻子不离不弃，对我的爱一如既往。比起那些瘫痪不能自如走动，没有温馨的家庭的人，我已经很幸运了，所以我没有理由不快乐。"他的话让油漆匠很受感动。

一周后，墙壁粉刷竣工，油漆匠取出账单，老太太发现比原来谈妥的价钱少了很多。她问油漆匠："怎么少算这么多呢？"油漆匠回答说："我跟你先生在一起觉得很快乐，他对人生的态度，使得我觉得自己的境况还不算最坏。所以减去的那一部分，算是我对他表示的一点谢意，因为他使我不再把工作看得太苦！"

面对苦难，我们不要有太多的遗憾，是保持心灵的那份平静，还是被不安与烦躁的情绪所笼罩，一切都源于我们自己。只要我们不做无谓的抱怨与惋惜，不自己恐吓自己，不斤斤计较乱生气就能享受生命的快乐。

错过了爱情，我们学会了爱；错过成功，我们学会了拼搏；因为错过，我们学会了珍惜；因为遗憾，我们学会了抓住机遇……每一种创伤，都是一种成熟。

我们从遗憾中领略圆满。没有分离的思念，怎么能领略相聚的幸福？没有经历过被出卖的痛苦，怎会领略忠诚的可贵？没有品尝过失败无奈的滋味，又怎会体会成功的喜悦？没有遭遇病魔的袭击，怎能体会健康对人的重要？在纷纷扰扰人世间，能够拥有，能够相聚，彼此忠诚，长相厮守，不正是一种圆满吗？

世间最大的痛苦是自己看不开，让自己的心蒙尘受苦。人看开的时候，心灵之门是敞开的，什么都看清了，就不怕了。很多时候人的恐惧都因为看不清。看开了，恐惧没有了，心情就好了。在看开的时候，人的目光是盯着光明的地方，生命处于一种开放的状态并会保持旺盛的势头。心灵之门一旦关上，一切都看不清了，因为看不清，人们会有一种警备、焦虑的心理，自然无法积极乐观起来。换一个角度思考问题，完全是两种结局、两种心境。所以，当我们遇到困难与挫折的时候，千万不要钻牛角尖，不妨换个角度思考，劝解自己，看开一些，人生没有过不去的坎儿。

# 一次不成熟的尝试，胜过千万次完美的幻想

我们也许有长途跋涉的艰辛，但关键时刻，缺乏的正是敲门进去的勇气。就像蹦极的游戏，在跳下来之前，每个人都心存恐惧，可是在你一闭眼，一狠心跳下来之后，很刺激，但也很安全，并不像自己当初想的那样恐惧。生活中也一样。

一个女孩经历了诸多的挫折，始终没有找到一个成功的入口。迷茫的她，给自己放了个假，带着灰色的心情去美国旅游。

一天，她在旧金山市政厅参观的时候，难得兴致高涨，信步漫游。不知不觉来到市长办公室的门口，她不假思索地敲了门，不料一个壮实威严的保镖走了出来，问道："小姐，我能帮你什么吗？"她愣住了，一时不知该怎么回答，顿了几秒钟，心想：既然敲了门，那就进去看看吧。于是，她精神十足地对保镖说："我能进去看看市长吗？"

保镖上下仔细打量了她一番，说道："你得稍等片刻。"说罢，他用监视器和市长通话，确定见面的时间和地点。不一会儿，那大腹便便的市长走了出来，很高兴地和她一起聊天、拍照，就像一对早已认识的忘年交。

那是她旅行中最开心、感觉最好的一天，因为她悟出了一个道理：敲门就进去。

结束了美国之行后，她顺着自己的感觉义无反顾地走下去，终于找到成功的入口，成为国内某知名证券公司银行部的总监。

当你遇上害怕做的事情时，只要敢试一试，就会觉得并没有什么，事情也没有你原先想象的那么可怕。

有时候，我们不敢学外语，不敢学小提琴，不敢下水学游泳，不敢在课堂上提问，不敢上台讲演，明知这件事不对也不敢说个"不"字，等等。这种种不敢，其实都是我们自己给自己设下的无形的障碍，也正是这种无中生有的无形障碍，使我们裹足不前，错过了许多我们本来应该去做，而且能够做好的事。

战胜内心的恐惧和胆怯，并不像你想象的那么难。敲门就进去就可以。长时间的坚持，固然重要，但接近终点时，一念之间的决断，往往显得更为紧迫和珍贵。

其实，人人都是天生的冒险家。根据研究指出，人类从出生到5岁之间，是生命开始的前5年，是冒险最多的阶段，学习的能力远比往后数十年更强、更快。试想，一个不到5岁的幼儿，整天置身于从未经历过的环境中，要不断地自我尝试，学习如何站立、走路、说话、吃饭等。这个阶段的幼儿，无视跌倒、受伤，一切冒险皆视为理所当然，也因为如此，幼儿才能逐渐茁壮成长。反而是当一个人年纪越大，经历过越多事情之后，就变得越来越胆小，越来越不敢尝试冒险。这是为什么？

这是因为，在不断的尝试后，大多数人根据过往的经验得知，怎么做是安全的，怎么做是危险的。如果贸然从事不熟悉的事，很可能会对自己产生莫大的威胁。所以，年纪越大的人通常越讨厌改变，喜欢安于现状，因为这样比较安全。

行为学家把这种心态称为"稳定的恐惧"，意思是说，因为害怕失败，所以恐惧冒险，结果"观望"了一辈子，始终得不到自己想要的东西，殊不知，凡是值得做的事多少都带有风险。万事开头难，一定不要被这第一步吓到，越看似不可能的事，你越胆怯，它就会变得越不可能实现。只有勇敢地迈出第一步，以后的路才会走得轻松自如，路才会越走越宽。

云居禅师每天晚上都要去荒岛上的洞穴坐禅。有几个爱捣乱的年轻人便藏在他的必经之路上，等到禅师过来的时候，一个人从树上把手垂下来，扣在禅师的头上。年轻人原以为禅师必定吓得魂飞魄散，哪知禅师任年轻人扣住，静静地站立不动。年轻人反而吓了一跳，急忙将手缩回，此时，禅师又若无其事地离去了。

第二天，他们几个一起到云居禅师那里去，他们向禅师问道："大师，听说附近经常闹鬼，有这回事吗？"

云禅师说："没有的事！"

"是吗？我们听说有人在晚上走路的时候被魔鬼按住了头。"

"那不是什么鬼，而是村里的年轻人！"

"为什么这样说呢？"

禅师答道："因为魔鬼没有那么宽厚暖和的手呀！"

他紧接说："临阵不惧生死，是将军之勇；进山不惧虎狼，是猎人之勇；入水不惧蛟龙是渔人之勇；和尚的勇是什么？就是一个字：'悟'。连生死都已经超脱，怎么还会有恐惧感？"

怕了一辈子鬼的人，一辈子也没见过鬼，恐惧的原因是自己吓唬自己。世上没有什么事能真正让人恐惧，恐惧只不过是人心中的一种无形障碍罢了。

不少人碰到棘手的问题时，习惯设想出许多莫须有的困难，这自然就产生了恐惧感，遇事你只要大着胆子去干时，就会发现事情并没有自己想象的那么可怕。

# 你能做的远比想象的更多

"都是逼出来的"，这样的话在生活中听到的次数实在是太多太多，可是又有谁想过，这平平淡淡的几个字，究竟包含了多少感人的故事和成功的真谛！

亨利·福特准备制造V-8汽缸引擎时，指示他的工程师去设计图纸，要求把8个汽缸放在一起。

图纸很快就画出来了，但是工程师们却一致悲观地说："把8个汽缸放在一起，是根本不可能的事情。"

"一切皆有可能，无论如何要做出来。"福特没有被他们的悲观影响，坚定地说道。这一切源于他心目中有一辆"完美汽车"，他怎么可能因为他人的悲观而放弃自己的美好愿望呢？

"但是，那真的是不可能的啊！"工程师们坚持说。

"现在就动手去做，不论花多少时间，都必须完成。"福特没有妥协。

工程师们只得着手去做，因为他们知道福特的脾气，并且不按照老板的话去做，就会丢掉饭碗。

时间很快过了半年，一点儿动静也没有。然后又过了半年，还是没有一点儿进展。工程师想了一切他们能够想到的办法，都没有成功，很多人都想放弃了，只是不敢提出来。接着，又过了一年，工程师感到实在没有办法了，他们再次显示了自己的悲观，来到福特面前："那是根本就无法完成的事情。"

"继续做！"福特的口气没有丝毫商量的余地，他也毫不在乎多年来赔进去的资金，"我要8汽缸引擎，一定要做出来！"

工程师们只好继续做下去，最后，他们终于想到办法了，并很快做了出来，V-8汽缸引擎宣告诞生。

适当的压力对人来说，绝对是不可缺少的清醒剂。它让你不畏惧困难，懂得思考如何进入新的局面、如何打破旧的格局，甚至让你萌发自信和勇气，这些都是帮助你将来获得幸福的先决条件。任何人都要接受压力的挑战。

当我们邂逅一位曾经山重水复而后又柳暗花明的友人时，一番唏嘘，一阵叹息之后，往往都会问：

"这些年，真不容易，你是怎么活出来的？"

"人都是逼出来的。"那位历尽沧桑的老友会这样平淡地回答。

当我们的同事在意想不到的时间内完成了意想不到的业绩时，我们会充满敬意又略带醋意地搭讪：

"真想不到……怎么就给做出来了？"

"还不都是逼的。"

人是一个复杂的矛盾体，既有求发展的需要，又有安于现状、得过且过的惰性。能够卧薪尝胆、自我警醒的人少之又少。更多的人需要的是鞭策和当头棒喝式的督促，而"逼"就是"最自然"的好办法。人们常说的"压力就是动力"，就是这个意思。

我们可能经常听到同行业的人说："那个方案我试过，不行的。""那个办法不可行。""那一行太难了，最好不要介入。"……然而，这些总归是他人的失败，他人的悲观。或许他们坚持下去是可以成功的，却没有坚持。只有我们自己去尝试才能知道结果，不受他人影响，我们才能突破。

　　小民是一个留学美国的中国学生。毕业后，小民想靠着自己的能力养活自己，于是为了解决生存问题，他什么苦活累活都干过。在餐馆刷盘子，在路上发传单，帮别人打字。微薄的收入只能让他勉强糊口。

　　一天，在唐人街一家餐馆打工的他，看见报纸上刊出了招聘线路监控员的消息，一看和自己专业对口，薪资待遇也很吸引人，于是小民做足了准备去应聘。过五关斩六将，他进入了最终的面试。当招聘主管出人意料地问他："你有车吗？你会开车吗？我们这份工作经常外出，因为公司的车辆有限，所以我们会优先考虑会开车的人。"

　　小民当场就蒙了，自己只是一个穷学生，怎么会有车呢？虽然已经考下了驾驶证，但作为一个新手司机，自己开车上路还是很困难。但为了争取到这个工作，他不假思索地回答："有！会！"

　　"很好，那四天后你开车来上班。"主管说。

　　小民没有退路，要么他放弃这份工作，要么就只能硬着头皮上阵。最终他豁出去了，在一个朋友那里借了一些钱，买了一辆二手车，开始了自己紧迫的学车历程。第一天他跟朋友一起复习简单的驾驶技术；第二天在朋友屋后的大草坪模拟练习；第三天歪歪斜斜地开着车上了公路；第四天他居然真的能够独自驾车去公司报到了。

　　如果想要找到出路，没有坚定的信念和视死如归的精神是不行的。有时我们必须放开手脚，大胆去做，才能克服所谓的不可能。小民凭着自己的胆识，敢于斩断自己的退路，让自己置身于命运的悬崖边上。正是面临这种后无退路的境地，他才有了奋勇向前的精神，争取到了那个难得的机会。

　　因此，被逼不要无奈，被逼是福。要么是被"看得起"委以重托，要么是有好运气，否则不会"逼"到你的头上来。

被逼，心态就会改变；被逼，就会有明确的目标；被逼，就会分清轻重缓急，抓紧时间；被逼，就会马上行动。不寻求突破，不创新，就休想跨过这道坎，于是潜能在一逼之下因迅速集聚而爆发，如核聚变。目标达成了，"被逼"的状态解除了，人发展了。

不仅不要怕"逼"，而且还应该主动"逼"。自己跟自己过不去，自己逼自己，有时只有斩断自己的退路，才能把不可能变成可能。

逼自己，就是战胜自己，必须比自己的过去更新；逼自己，就是超越竞争，必须比别人更新。别人想不到，我要想到；别人不敢想，我敢想；别人不敢做，我来做；别人认为做不到，我一定要做到。潜能具有无限的力量。

逼自己，一方面要勇于接受挑战，把自己丢进新条件、新情况、新问题中，逼到走投无路，才会想方设法。破釜沉舟，才会背水一战，正如兵法说的"置之死地而后生"。

另一方面，要用"自律"来逼，用目标管理、时间管理来逼，用行动结果来逼。以创新之心逼出创新的行为，得到创新的结果。

有时候，只有将自己逼上梁山，才能找到出路。对自己太容忍，就是对自己的残忍。关键时刻，有破釜沉舟的勇气的人，才能给自己创造一个向生命高地冲锋的机会。


**链接**：**练习不良情绪的自我调节**


1.当你情绪激动时，别忘了做个深呼吸。人们在情绪激动时，容易出现胸闷、呼吸困难的现象，或在心情不愉快时大脑紊乱，想法较多。此时体内的血液运输系统处于呆滞状态，身体极度缺氧，所以通过加深呼吸即深呼吸，可以增加外界氧气的供给量，提高肌体的运输功能，有效地缓解胸闷，达到调节心情的功效，此种方法简单易行，适合运用于我们日常繁杂工作的每一个角落。

2.当你觉得不愉快的情绪涌上心头时，你不妨将精力转移到那些与这种情绪完全相反的方面上。当你心情压抑、沉重时，千万别一个人躺在床上或呆坐在屋内，你可以让外面优美的风光陶冶你的性情，让开阔的视野排除心头抑郁。事实证明，改变或脱离不利环境，可以使你从不良的情绪中及时地解脱出来。

3.当你受到刺激，遭遇打击，千万不要把这些负面情绪压抑在心头，要想方设法把它发泄出来。你可以找个合适的场合，以合适的方法发泄一通，以达到排解消极情绪的目的。比如，当你的心情压抑时，你可以去踢足球……将火"发"在它们身上；当你被别人误解而又没有机会解释时，你可以将事情的来龙去脉、前因后果写在日记本上，从"倾诉"中得到慰藉。

4.当你感到沮丧、气馁、悲观失望的时候，最好不要怨恨自己、数落自己、责怪自己。你要相信自己可以和别人一样获得事业的成功，得到生活的幸福。你必须坚信，不管发生什么，你仍将是幸福的、快乐的。

5.当一些不愉快的往事萦绕你的心际，使你难以解脱时，你不妨像清理家里无用的陈旧杂物一样，将头脑中这些记忆垃圾清除出去。办法就是忘记它，彻底抹去这些记忆。这是一种有效控制情绪的好方法，是一种自我保护机制。如果我们将这些不愉快的事从心里清除出去后，我们就会觉得心里十分轻松。

6.自我安慰是改变个人不良情绪的重要方法之一。它是以一种事情最终可以成立或实现的假设来安慰自己，从而求得心理平衡的良方，非常类似于我们通常所讲的"阿Q精神胜利法"。

7.对于不良情绪的出现，还必须学会分析这些情绪产生的原因，并弄清楚究竟为什么会苦恼、忧愁或愤怒。有些事情确实令人烦恼、气愤，那么，就要寻找适当的方法和途径来解决它。

8.有时候，不良情绪靠自己独自调节还不够，还需要借助别人的疏导。当你有了苦闷的时候，可以把闷在心里的一些苦恼向家人、朋友倾诉，倾倒你的委屈和痛苦等。这样，不仅可以排除心头的烦恼，而且还可以得到他人的帮助。

# 六

## 熬夜不代表你努力，只是你管不好自己的时间

剧情再荒谬的电视剧，我们也要拿起遥控器从头看到尾。忘记了打扫房间、草草地吃完谈不上健康的晚餐，然后等到了很晚才上床睡觉。只有这一刹那，我们才突然想到，今天晚上的时间全都虚度了。于是，我们告诉自己，明天不能这样看电视了，但第二天我们依旧如此。

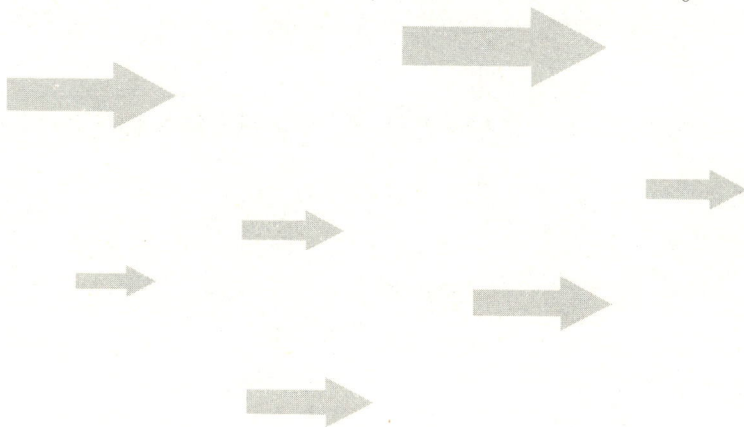

# 生命本不短，不善利用才令它局促

丧失的财富可以通过厉兵秣马、东山再起而赚回；忘掉的知识可以通过卧薪尝胆、勤奋努力而复归；失去的健康可以通过合理的饮食和医疗保健来改善；而唯有我们的时间，流逝了就永远不会再回来，无法追寻。

有一个富翁买了一幢豪华的别墅。从他住进去的那天起，每天下班回来，他总看见有个人从他的花园里扛走一只箱子，装上卡车拉走。

他来不及叫喊，那人就走了。这一天他决定开车去追。那辆卡车走得很慢，最后停在城郊的峡谷旁。

陌生人把箱子卸下来扔进了山谷。富豪下车后，发现山谷里已经堆满了箱子，规格样式都差不多。

他走过去问："刚才我看见你从我家扛走一只箱子，箱子里装的是什么？这一堆箱子又是干什么用的？"

那人打量了他一番，微微一笑说："你家还有许多箱子要运走，你不知道？这些箱子都是你虚度的日子。"

"我虚度的日子？"

"对。你白白浪费掉的时光、虚度的年华。你朝夕盼望美好的时光，但美好时光到来后，你又干了些什么呢？你过来瞧，它们个个完美无缺，根本没有用，不过现在……"

富豪走过来，顺手打开了一个箱子。

箱子里有一条暮秋时节的道路。他的未婚妻踏着落叶慢慢走着。

他打开第二个箱子，里面是一间病房。他的弟弟躺在病床上等他回去。

他打开第三只箱子，原来是他那所老房子。他那条忠实的狗卧在栅栏门口眼巴巴地望着门外，已经等了他两年，骨瘦如柴。

富豪感到心口绞痛起来。陌生人像审判官一样，一动不动地站在一旁。富豪痛苦地说："先生，请你让我取回这三只箱子，我求求您。我有钱，您要多少都行。"

陌生人做了个根本不可能的手势，意思是说："太迟了，已经无法挽回。"说罢，人和箱子一起消失了。

时间弥足珍贵，我们不能绝对地延长寿命，但可以通过善用时间的好习惯，来相对地将生命延长。这样就等于增加了生活的"密度"，扩充了有限生命的内涵。

人之所以会浪费时间，就在于他们没有想到自己是时间的主人，没有养成善于利用时间的好习惯。而这种习惯是一个人做人、做事、做学问的根本。但你若没有这一良好的习惯，经常地浪费时间，消耗生命，其结果则是难以想象的。

如果用批判的眼光去环顾一下四周，我们不难发现，大多数人都正过着超负荷的生活。我们每天都尽心尽力地工作，拼命地提高效率。但每当我们晚上回到家里，一如既往地一头栽倒在沙发上的时候，我们会回想即将过去的一天，从内心深处浮现出这样的想法："我今天好像又是什么都没干……"原因很简单：我们往往会在过度的忙碌中忽略了最重要的事。这就是所谓的"时间陷阱"！

荣恩是一家小书店的店主，他是一个十分爱惜时间的人。

一次，一位客人在他的书店里选书，他逗留了一个小时才指着一本书问店员："这本书多少钱？"

店员看看书的标价说："1美元。"

"什么，这么一本薄薄的小册子，要1美元。"那个客人惊呼起来，"能不能便宜一点，打个折吧。"

"对不起，先生，这本书就要1美元，没办法再打折了。"店员回答。

那个客人拿着书爱不释手，可还是觉得书太贵，于是问道："请问荣恩先生在店里吗？"

"在，他在后面的办公室里忙着呢，你有什么事吗？"店员奇怪地看着那个客人。

客人说："我想见一见荣恩先生。"

在客人的坚持下，店员只好把荣恩先生叫了出来。那位客人再次问："请问荣恩先生，这本书的最低价格是多少钱？"

"1.5美元。"荣恩先生斩钉截铁地回答。

"什么？1.5美元！我没有听错吧，可是刚才你的店员明明说是1美元。"客人诧异地问道。

"没错，先生，刚才是1美元，但是你耽误了我的时间，这个损失远远大于1美元。"荣恩毫不犹豫地说。

那个客人脸上一副掩饰不住的尴尬表情。为了尽快结束这场谈话，他再次问道："好吧，那么你现在最后一次告诉我这本书的最低价格吧。"

"2美元。"荣恩面不改色地回答。

"天哪！你这是做的什么生意，刚才你明明说是1.5美元。"

"是的，"荣恩依旧保持着冷静的表情，"刚才你耽误了我一点时间，而现在你耽误了我更多的时间。因此我被耽误的工作价值也在增加，远远不止2美元。"

那位客人再也说不出话来，他默默地拿出钱放在了柜台上，拿起书离开了书店。

荣恩先生既做成了这本书的买卖，又教那位客人学会了一课，就是"时间财富"。一个人的成就取决于他的行动，而一个人的行动和他支配时间的能力是成正比的。如同巴尔扎克所说："时间是人所拥有的全部财富，因为任何财富都是时间与行动化合之后的成果。"

法国著名科普作家凡尔纳每天早上5点钟就会起床，然后一直伏案写作到晚上8点。在这15个小时中，他通常只在吃饭时休息片刻。但是他并不会与家人坐在一起吃饭，通常都是妻子给他送到他写作的地方，他搓搓酸胀的手，拿起刀叉，以最快的速度填饱肚子，抹抹嘴，就又拿起笔。

他的妻子看他如此辛苦，就非常心疼地问："你写的书已经不少了，为什么还要这么紧迫？"凡尔纳笑着说："你记得莎士比亚的名言吗？放弃时间的人，时间也放弃他。哪能不抓紧呢？"

在40多年的写作生涯中，凡尔纳记了上万册笔记，写了104部科幻小说，共有七八百万字，这是一个相当惊人的数字！一些感到惊异的人就悄悄地询问凡尔纳的妻子，想打听凡尔纳取得如此惊人成就的秘诀。凡尔纳的妻子坦然地说："秘密嘛，就是凡尔纳从不放弃时间。"

富兰克林是美国著名的科学家，《独立宣言》的起草人之一。

曾经有人问他："您怎么能够做那么多的事情呢？"

富兰克林笑笑说："你看一看我的时间表就知道了。"我们可以来看看他的时间表：

5点起床，规划一天的事务，并自问："我这一天要做好什么事？"

8点至11点，14点至17点，工作。

12点至13点，阅读、吃午饭。

18点至21点，吃晚饭、谈话、娱乐、回顾一天的工作，并自问："我今天做好了什么事？"

朋友劝富兰克林说："天天如此，是不是过于……"

"你热爱生命吗？"富兰克林摆摆手，打断了朋友的谈话说道，"那么，别浪费时间，因为时间是组成生命的材料。"

在这个世界上，你真正拥有而且极度需要的只有时间，时间在生命中是如此重要，而许多人却日复一日花费大量的时间做无聊的事。

# 你还要被"努力感"欺骗多久

很多时候，我们只是在"穷忙"。有时候你会觉得，你也意识到了时间的重要性，你也有明确的目标，并且为之很努力了，但是还是收效甚微。你应该反思一下，你每天努力的事情究竟有多么大的意义？

一个早上刚刚开始工作的销售员，打开客户记录，整个上午都没有打出去一个电话，按照工作安排，他应该在上午给十多个客户打回访电话的。然而整个上午他都在翻阅资料、收集信息，中间上过几次厕所，喝过几次水，和同事聊天，也打过几通电话，不过那些电话都是鸡毛蒜皮的小事。很快就到了午饭的时间，他决定把给客户打电话的工作挪到下午，即便他知道会议和制作提案已经占满了整个下午的行程。快下班的时候，他忙着整理会议记录，上交当日的工作报表，等做完这些，办公室的同事已经收拾东西准备下班了。在最后关上电脑准备离开办公室的那一刻，给客户的电话依然没有打，因为已经"没有时间"了——他要下班了，那些工作只能留给明天。

如果你能有意识地把自己做的无用功降低到最低点，那么，你的这一生肯定会更有意义。

我们清楚地知道，吃饭是为了不饿，喝水是为了不渴，睡觉是为了不困，但很多时候不知道工作是为了什么。别人说做什么就做什么，别人说怎么做就怎么做，从来不去思考为什么要这么做。因为目的不明确，所以做了很多费力不讨好的事情。

一个工程施工中，师傅正在紧张地工作着，徒弟在旁边学习。这时，师傅对徒弟说："去，给我拿一个螺丝刀来，我要……"还没等师傅说完，徒弟一溜烟就去了工具间。

师傅等了很久，徒弟才气喘吁吁地回来，拿着一个大号的螺丝刀，说："螺丝刀真不好找啊！"

师傅一看大小不对，生气地说："谁让你拿这么大的螺丝刀？"徒弟很委屈，心想：我又不知道你要螺丝刀干什么，这难道不是螺丝刀吗？害得我白白跑一趟。"再去拿把小的来！我要固定这个螺丝钉！"师傅一边说，一边把小小的螺丝钉递给徒弟看。徒弟只得再跑一趟。

想想，我们的工作中是否也经常出现这样的情景？老板让你写个材料，你辛辛苦苦完成后交给他，他却告诉你，不是他想要的；同事邀你一起去参加一个会议，花了一整天的时间，你却发现这个会议跟你毫无关系。

其实，一件事有很多种做法，目的不同，做法也不相同。这个徒弟跑来跑去，做事讲究速度，却毫无效果。如果他在拿螺丝刀前，先听师傅把事情说完，或者自己主动问师傅需要多大的螺丝刀，用于做什么。那么，他就不会多跑一次了。要知道，高效率的无用功，比低效率的有用功更可怕。

一件事，我们只有明白了为什么去做，才知道如何高效地把它做好。

海峰办公室的复印机总是卡纸，老板让他找人修理一下。经过修理人员的检查，发现原来是搓纸轮老化造成的。修理人员更换新的搓纸轮后，复印机可以正常运转了，但修理人员发现复印机的定影器也有点问题，问海峰是否需要更换一个新的。

海峰认为既然复印机现在已经修好了，也就没必要再动别的零件，再说自己下午还有别的事要办呢，哪有时间陪他们修这个。他心想，等有了问题再说吧！于是，就打发修理人员快走。修理人员走时，对他说："现在不换，过一两个月后你还是得换！"

一个月后，当老板复印一份重要文件的时候，发现复印机居然彻底不工作了。他大发雷霆，叫来海峰："你是怎么办事的！上个月才修了一次，现在就不能用了！上次修的时候你彻底检查了吗？"

海峰想起了上次修理人员的提醒，觉得理亏，马上打电话让修理人员过来，可对方说太远，而且连续几天的工作都安排满了，如果他着急的话，他只能自己把机器拖过去才行。海峰只得灰头土脸地找出租车，找人搬机器……

第一次能解决的问题，他没有重视，非要等到问题出现了再次去解决，最后不仅累了自己，还给领导留下了个"做事靠不住"的印象，海峰真是后悔不已。

如此看来，第一次就把事情做好也是一种智慧。无论是学习，还是工作，第一次把事情做对，代价最小，收效最大。

或许你会说，我又不是神仙，怎么可能保证第一次就把事情做好呢？工作中怎么可能不容许一点误差或差错呢？确实，人非圣贤，在工作中难免会出一些错误，有一些过失。这里说的"第一次就把事情做好"是指一种追求精益求精的工作态度，一种力求完美的工作态度。一个人如果在做事前就抱着"犯点错没关系""有误差是很正常的""等有了问题再说"的态度，那么他绝对做不好一件事。

你经常会碰到一些别人让你去做而你又不感兴趣的事，也经常碰到你需要去做但又没有时间或懒得去做的事情。对于这些事，你经常会先凑合地做着，遇到问题也会放一放，希望哪一天自己有了兴趣、灵感和时间的时候再去做，或者等别人发现了其中的不妥，再去修改和完善。而实际上，等你再次面对这类问题的时候，你却发现自己还是跟以前一样没有兴趣和时间，而且更是没有了开始做的心境。

做事千万不要敷衍，要么不做，要么第一次就尽量把它做好。

# 拖延源自懒惰

虽然拖延的原因有多种，如懒惰、畏难等，但在这些消极的工作态度中"懒惰"则是对成功最有害的因素。

拖延不仅会使工作变得平庸，给人带来许多烦恼，而且还会给人造成一定的——有时甚至是巨大的损失。

人们常常惊异于作家颇具创造性的才能，爱用"才"和"灵感"这样的术语，去解释作家的智力。其实，作家的智慧，虽然与观察、记忆、想象、美感能力有关，但是，影响作家成才的条件，并非都是智力作用的结果，一个最重要的因素就是勤奋。

高尔基说："天才就是劳动。"

海涅说："人们在那里高谈着天气和灵感之类的东西，而我却像首饰匠打金锁链那样精心地劳动着，把一个个小环非常合适地连接起来。"

这些大师们的名言充分说明了勤劳对于成功的重要性。

托马斯·爱迪生留下如此多伟大发明的同时，也留下了一句不朽的名言："勤劳是无可替代的。"

为了梦想，绝不拖延的人才能取得最后的胜利果实。

1991年5月，已经成为威斯康星大学教授的王洛勇去百老汇看了《西贡小姐》。看完后，他突然有一种冲动，觉得自己能够演好剧中的主角皮条客"工程师"，于是费尽周折，见到了百老汇专门选演员的导演克利夫。

克利夫约定他第二天去试戏。第二天，王洛勇试唱了一段百老汇音乐剧《南太平洋》，他声音抑扬顿挫，信心十足。没想到克利夫打断了他的演唱，说《南太平洋》太抒情，不符合所要演的皮条客"工程师"的角色。

第二次，王洛勇新选了一个曲目，又去试唱，结果又被拒绝。

王洛勇突然想出了一个破釜沉舟的决定。他决定辞去学校的工作，从一个普通演员开始，和自己的学生去竞争，一点一点走进美国的演艺圈，一点一点闯入百老汇。他相信：苦心人，天不负。

在美国唱音乐剧，首要的是一口流利、纯正的英语。一位教授为了校正发音，用红酒的软木塞给他做了一串像钥匙的东西，让他咬着软木塞发音。一次到海边玩，王洛勇发现石头坚硬，他就试着把石头含在嘴里，这么一练，同样有效果。就这样，他天天含着石头练发音。

王洛勇屡败屡战，先后闯荡了8次。

1995年5月中旬的一天，王洛勇得到通知，百老汇请他去演《西贡小姐》的皮条客"工程师"。

这一天，王洛勇作为《西贡小姐》的主角站在了梦寐以求的象征着世界戏剧最高水平的百老汇舞台上。

王洛勇说过："要想做一名真正的艺术家，必须过一种非常自律的生活，你只有付出比别人多的勤奋，幸运之神才会眷顾于你。"

可见，只有勤奋才能做好工作，才能使人达到成功，而懒惰在职场中是没有市场的。

曾国藩是中国近代史上最有影响的人物之一，这样一个人物，小时候的天赋不但不高，甚至还可以说有点笨。有一天他在家读书，对一篇文章不知道重复读多少遍了，还在朗读，因为，他还没有背诵下来。这时候他家来了一个贼，潜伏在他的屋檐下，希望等读书人睡觉之后捞点好处。可是等了很长时间，就是不见他睡觉，还是反反复复地读那篇文章。贼人大怒，跳出来说："这种水平读什么书!?"然后将那文章背诵一遍，扬长而去。

贼人是很聪明，至少比曾国藩要聪明，但是他只能成为贼，而曾国藩却成为毛泽东主席都钦佩的人："愚于近人，独服曾文正。"

"勤能补拙是良训，一分辛苦一分才。"贼的记忆力很好，听过几遍的文章就能背下来，而且很勇敢，见别人背书不成居然跳出来批判一番，还要背一遍才离去。但是遗憾的是，他名不见经传。

伟大的成功和辛勤的劳动是成正比的，有一分劳动就有一分收获，日积月累，从少到多，奇迹就可以创造出来。

美国政治家亨利·克莱曾经说："遇到重要的事情，我不知道别人会有什么反应，但我每次都会全身心地投入其中，根本不会去注意身外的世界。那一刻，时间、环境、周围的人，我都感觉不到他们的存在。"

一位著名的金融家也有一句名言："一个银行要想赢得巨大的成功，唯一的可能就是，它雇了一个做梦都想把银行经营好的人做总裁。"

本来枯燥无味、毫无乐趣的职业，一旦投入了热情，一旦付之于勤奋，立刻会呈现出新的意义。

不管你的工作是怎样卑微，如果你对它付以艺术家的精神，当有十二分的勤奋。这样，你就可以从平庸卑微的境况中解脱出来，不再有劳碌辛苦的感觉，厌恶的感觉也自然会烟消云散。

# 你利用时间的方式，决定了你生命的长度

许多人都认为，人与人之间之所以有穷有富，完全是因为环境、机遇、能力及性格等方面的差异造成的。然而，正如著名的物理学家爱因斯坦所说："人的差异在于利用空闲时间"。

著名的麦肯锡公司曾做过一个调查，清晰地向世人展示了人们空闲时间的秘密。这份抽样调查表明：美国城市居民每周平均每日工作时间为5小时1分；个人生活必需时间10小时42分；家务劳动时间2小时21分；闲暇时间6小时6分。四类活动时间分别占总时间的21%、44%、10%、25%。每一天，人们都是这样度过的。10年来，人的闲暇时间增加了69分钟，闲暇时间占到一个人生命的1/3。中国人在电视机前每天是3小时38分，打发掉自己一半的闲暇时光，而日本、美国人每天看电视的时间分别为1小时37分和2小时14分。

这个调查还显示，本科以上高学历者的终生工作时间是低学历者的3倍，平均日学习时间为50分钟，收入是低学历者收入的6倍以上。由此可见，学历越高，越重视时间的利用，越能赚取财富。

古今中外，凡在事业上有所成就的人，都有一个成功的诀窍：变等待

为行动。他们中没有一个人喜爱清闲，贪图安逸。

澳大利亚著名生物学家亚蒂斯，不仅用他智慧的头脑和宝贵的时间，为人类成功地发现了第三种血细胞而且赋予了业余的空闲时间以生命的神奇。他十分珍惜自己有限的时间，因此他为自己定下了一个规矩，睡觉之前必须读15分钟的书。不管忙碌到多晚，哪怕是清晨两三点钟，他进入卧室以后也一定要读15分钟的书才肯入睡。这个规矩他整整坚持了半个世纪之久，共读了8235万字、1098本书，医学专家最终变成了文学研究专家。

通过充分利用每一分钟的空闲时间，我们每个人都可以从根本上改变自己的命运。虽然每个人因为职业的不同，习惯的不同，业余的空闲时间的多少也不同，但主要的空闲时间其实大同小异。


不少人习惯于在上下班路上时呆视车外流动的景色、放飞思想做白日梦、或是漫无目的地随便翻阅报章杂志、收听电台广播……其实，这些做法都是对时间缺乏计划的一种表现。

一天24小时，你可以将其变成25个小时吗？时间可以拉长吗？答案是肯定的，只是时间可以相对地拉长：和别人相比，在24小时内，我们可以挤出时间做别人25个小时才能做的事。

高效率的玛尔扎特经常在他的电话机旁边放一叠阅读资料，这样每次在等对方接电话时他就可以随便翻阅。一位必须在机场花很多时间的业务员说："每次在下飞机去领行李的路上，我就停下来给我的客户打电话，等我结束通话时，行李也已经出来了。只要你用心，任何时间都不会被浪费掉的。"

众所周知，霍桑一生从事着非常枯燥单调的工作，他在马萨诸塞州萨勒姆市海关部门工作了许多年，同时利用自己的空闲时间写出了四部小说，其中包括后来成为经典的《红字》。

实际上，在我们的生活和工作中，有不少时间是用来等待的。每个人因为等待而浪费的时间，是数以万计的。

经常听到有人说："等我闲下来再做""等我手上没什么重要事情的时候再做"。但事实上，他们是将"空"的时间与"闲"的时间混淆了。他们可以在高尔夫球场上，悠闲地挥舞着球棍，在游泳池边尽情玩乐，但就是没有"空"的时间。

事实证明，信息化的社会里，市场竞争无孔不入，时间就是金钱，知识就是生命。为了获得更大的成功，人们势必要不断地压缩、挤占业余的空闲时间。

那么，我们如何去"拉长"时间呢？这里，我们整理了"拉长"时间的15个关键。

1.设立明确的目标，可以"拉长"时间。

成功等于目标，时间整理的目的是让你在最短时间内实现更多你想要实现的目标。你必须把本年度4到10个目标写出来，找出一个核心目标，并依次排列重要性，然后依照你的目标设定一些详细的计划，你的关键就是依照计划进行，这样就可以"拉长"时间。

2.你要列一张总清单，把今年所要做的每一件事情都列出来，并进行目标切割。

（1）年度目标切割成季度目标，列出清单，每一季度要做哪些事情；

（2）季度目标切割成月目标，并在每月初重新再列一遍，碰到有突发事件而更改目标的情形便及时调整过来；

（3）每一个星期天，把下周要完成的每件事列出来；

（4）每天晚上把第二天要做的事情列出来。

3.运用"二八定律"。

用你80%的时间来做20%最重要的事情，因此你一定要了解，对你来说，哪些事情是最重要的，是最有生产力的。谈到时间整理，有所谓紧急的事情、重要的事情，然而到底应做哪些事情？当然第一个要做的一定是紧急又重要的事情，通常这些都是一些突发困扰、灾难、迫不及待要解决的问题。当你天天处理这些事情时，表示你时间整理并不理想。成功者花最多时间在做最重要可是不紧急的事情，这些都是所谓的高生产力的事情。然而一般人都是做紧急但不重要的事。你必须学会如何把重要的事情变得很紧急，这时你就会立刻开始做高生产力的事情了。

4.每天至少要有半小时到1小时的"不被干扰"时间。

假如你能有一个小时完全不受任何人干扰，自己关在自己的房间里面，思考一些事情，或是做一些你认为最重要的事情。这一个小时可以抵过你一天的工作效率，甚至有时候这一小时比你三天工作的效率还要好。

5.要和你的价值观相吻合，不可以互相矛盾。

你一定要确立你个人的价值观，假如价值观不明确，你就很难知道什么对你最重要；当你价值观不明确，你就很难分配好时间。时间整理的重点不在管理时间，而在于如何分配时间。你永远没有时间做每件事，但你永远有时间做对你来说最重要的事。

6.每一分钟每一秒都做最有效率的事情。

你必须思考一下要做好一份工作，到底哪几件事情是对你最有效率的，列下来，分配时间做好它。

7.要充分地授权。

列出你目前生活中所有觉得可以授权的事情，把它们写下来，然后开始找人授权，找适当的人来授权，这样效率会更高。

8.做好"时间日志"。

你花了多少时间在哪些事情上，把它们详细地记录下来，每天从刷牙开始，洗澡、早上穿衣花了多少时间，早上搭车的时间，出去拜访客户的时间，把每天花的时间一一记录下来，做了哪些事，你会发现浪费了哪些时间。当你找到浪费时间的根源，你才有办法改变。

9.时间大于金钱。

用你的金钱去换取别人的成功经验，一定要跟顶尖人士学习；千万要仔细选择你所接触的对象，因为这会节省你很多时间，假设与一个成功者在一起，他花了40年时间成功，你跟10个这样的人一起，你是不是就浓缩了400年的经验？

10.做好心理建设。

要把时间整理好，得先做自我心理建设。首先要有把事情做好、把时间整理好的强烈欲望。其次是要明确做好时间整理的目标是什么，进而不断实践。时间整理是一种技巧，观念与行为有一段差距，必须经常地去演练，才能养成良好的习惯。最后是要下定决心持续学习，直到能运用自如。

11.改变对时间的态度。

"时间＝金钱＝生活"，甚至"时间＞金钱"，即时间比金钱还重要。只有把时间整理好，才能够达成理想，建立自我形象，进一步提升自我价值。每个人应把自己当成一个时间整理的门外汉，而努力不断地学习。若能每天节省2小时，一周就至少能节省10小时，一年节省500小时，则你的生产力就能提高25%以上。每一个人皆拥有一天24小时，而成功的人单位时间的生产力则明显地较一般人高。

12.获得成就感。

引起动机的关键就是成就感。要成就一件事情，一定要以目标为导向，才能把事情做好。把握"现在"，专注于"今天"，每一分每一秒都要好好把握。时间整理得好，能让人更满足、更快乐、赚取更多的财富，自我价值亦更高。

13.规划与组织。

保持整洁能够提升我们的自我价值、自我形象以及自我尊严。例如将桌面保持整洁、做完事立即归档、做事只经手一次等。对于没有效果或者效果不大的数据，坚决丢掉！

14.设定优先级。

每个人每天都有非常多的事情要做，但根据二八定律，在日常工作中，有20%的事情可以决定80%的成果。将事情依紧急、不紧急以及重要、不重要分为四大类，一般人每天习惯于应付很多紧急且重要的事，但接下来会去做一些看来紧急其实不太重要的事，整天不知在忙什么。其实最重要的是要去做重要但是看起来不紧急的事，若你不优先去做，那你的目标将不易达成。设定优先次序，可将事情区分为五类：A=必须做的事情；B=应该做的事情；C=量力而为的事情；D=可以委托别人去做的事情；E=应该删除的事情。最好大部分的时间都在做A类及B类的事。忘掉过去种种，而努力于未来。专注于目前的机会，努力去把握，真正的成功本身就是一种态度。

15.成功的关键。

（1）有毅力、有耐心地持续工作，直到完成；

（2）做完工作，给自己适度的报酬与奖励；

（3）花1分钟时间规划，可节省4分钟的执行时间；

（4）有组织地复习数据系统。

总之，对于时间的有效整理，一方面让我们摆脱了大量模式化的枯燥工作，另一方面能为我们节省出较多的自由支配时间，有助于我们进行更多清晰的、有创造性的思考，从而提高我们的学习效率和学习兴趣。


# 平衡好力道，才能玩得转生活


在实现梦想的过程中，有很多人都痛苦地意识到自己曾忽略生活中的某些重要领域。它们发现自己曾在生活的某个领域——如失业、体育运动或社区服务中投入了大量的时间和精力，代价却是牺牲了其他重要的领域——如健康、家庭或朋友。

鲁宾斯是一个即将考大学的少年，他有7门功课要进行复习，可是这时距考试只有130天，他必须要在这一段时间内把7门功课都学好，否则他很难跨过大学的门槛。于是，他为自己制订了一个课程表。

他的数理化成绩一直不错，所以这次只用45天——平均每门功课15天的时间进行复习基本就可以了，应付高考应该游刃有余了。

最让他感到头痛的是语文和法制课了，这两门课一直以来便是他的弱项，所以这两门课成了他的主要突击对象，他为这两门课安排了60天的时间，他认为每门用30天的时间来复习，一定会有很大的进展。

剩下25天的时间，他安排在体育锻炼和历史的复习中，因为这两科参考对他来说也应该算是强项，所以他安排了比较短的时间。

通过这样合理地统筹时间，他很顺利地通过高考，进入了加州大学，从此开始了他在另一种环境中的学习和生活。

他不像有的人一进入大学就好像有了某种保障似的，思想开始懒散起来，而是感觉到前面有座更高的山需要他去翻越，所以要更加勤奋起来。他为了不使自己忙中出乱，顾此失彼，因此做了一个学习时间表。

后半年他还有150天的时间要度过，可是真正属于学习的时间也就剩100天了，他要在这100天里，认真听讲、努力学习、虚心求教，把属于自己的所有课程都学至优秀状态，这样才不枉费这100天的时间。

有人说了这一年365天你只介绍了230天用于学习，那其他时间该干什么呢？一年365天中就有104天是双休日，还有两个学期假一共是60天，鲁宾斯要迎接高考，所以占30天的假期用以复习。还有一天就是圣诞节的假期。

像鲁宾斯这样，你的一年不就安排得整齐而有序了吗？如果你的学习成绩像鲁宾斯一样好，你便可以用双休日和假日去旅游度假，去冲浪、去爬山、去冒险、去寻求刺激。你也可以利用假期发挥一下你的聪明才智和满足一下兴趣爱好，搞一个小发明，研究一个小课题，更应该体验一下劳动生活，或帮助父母亲做些家务。

当父母下班回家看到桌子上摆好饭菜时，他们一定会很高兴，尽管饭菜很不可口，他们都会认为你在努力，你在进步，事实也如此。当然这也是有意义的一天。

你如果能像鲁宾斯一样把一年的时间细致地统筹起来，就会在预定的时间内完成你的人生大事。


我们经常听到如下感叹：我很想供养家庭、事业有成，但公司并不认为我是认真想要晋升，除非我每天早来晚走、周末加班。

回家的时候，我早已筋疲力尽。我的事情太多，根本没有时间和精力来照顾家人。但家庭需要我，要修理自行车、要给孩子讲故事、要辅导孩子做作业、要商量重要事务。而且我也需要他们。如果没有与家人们在一起，圆满的生活又在哪里？

这还没有谈到我的其他角色：我想做一个好邻居，我想对社区有所帮助，我需要时间来锻炼、阅读或有点时间独自思考……我有那么多事情要做——而它们都很重要！我又怎能所有的都做？

最经常提到的是工作与家庭之间的角色冲突。各种人际关系和个人成长方面的缺失。

人们常说："我无法那么快地干事，每天应付生活的重要方面。总有某些重要的事务无法完成。我干得越快，我越觉得失去平衡。"

还有一些人意识到自己的各个角色，却陷入各个角色之间不知所措。这些角色似乎不停地竞争、冲突以争抢它们有限的时间和精力。

显然，平衡是一种艺术，但是，我们应该如何培育自己生活中的平衡呢？是否简单的只要尽快干事以便每天应付生活的各个方面就可以了呢？

是否还有其他有效的途径，以便更彻底地使我们的生活改观呢？

我们在生物学考试中得了A，在历史课考试中得了C——我们从来没有想过这两者之间有什么关系。我们把自己的工作角色看作是独立的，与家庭角色毫无关联，与其他的角色，例如个人成长或社区服务，也同样没有什么关系。

结果，我们或者集中注意这个角色，或者集中于那个角色。我们在工作中的表现与我们在家庭中的所作所为没有多大关系。我们的私人生活与我们的公众生活相互分离。

同样是带女儿去打网球，我们可以从实现个人成长目标的角度把它看成是一项锻炼，也可以从履行父亲角色的角度把它看成是与女儿发展深厚关系。

如果我们把角色看作是生活上分离的部分，我们陷入的是时间匮乏的心态。只有这么多时间，时间花在这个角色上，意味着它无法花在其他角色上。

其实，我们生活中的每个角色都有四个基本层面：身体层面（它要求或创造资源）、精神层面（它紧密联系于目标）、社会层面（它涉及与其他人的人际关系）、智力层面（它要求学习）。当我们回顾自己的角色时，我们既要看到实现目标的精神层面，也应注意到健康、家庭、朋友等方面的角色平衡，合理地分配自己的时间。

每个角色都是重要的。一个角色的成功并不能证明我们可以接受在其他角色上的失败。在任何角色上的成功或失败都影响其他各个角色的质量和整体生活的质量。

事实上，生活是一个不可分割的整体，平衡是生活和健康的要素。我们生活的平衡不在于很快干事以应付生活。它是一种动态平衡，我们所要做的就是使各个角色之间协作增效。

## 链接：你是犹豫的拖延者吗

家里失火，先去灭火还是先抢救财物？在这种情况下必须毫不犹豫地做出抉择。

人们在选择目的、采取决定和执行决定过程中，能够迅速和坚决地进行决断的能力就是果断。

人的果断性是以自觉性和深思熟虑为前提，以大胆勇敢为条件，是意志坚强者的一种优良品质。

我们每人每天都要做出一些这样或那样的决定，所处理的内容通常是出现在工作和生活中的琐事。但是，一个决定往往会影响到许多人。

有时，我们必须在几分钟内做出决定；有时，也会有几个小时或几天的时间去思索、犹豫、甚至饱受折磨。无论是处理公务，还是解决个人或家庭的难题都是如此。

我们大家对待做决定的态度并不完全相同：有的人办事无须苦思冥想良久，正如俗话所说，"快刀斩乱麻"；而拖延症患者却奉行"三思而后行"的准则。你能说出自己对这一问题的态度吗？是果断？是草率从事？或者恰恰相反是犹豫不决的？

**测试开始：**

请你对下列问题问答"是"或"否"。

1.你能在新的工作岗位上轻而易举地适应与你过去的习惯迥然不同的新规定、新方法吗？（　）

2.你能很快适应一个新集体吗？（　）

3.如果你知道自己的看法与上司的观点相反，你还能直抒己见吗？（　）

4.要是有人在其他单位为你提供了薪俸更优厚的职位，你会毫不犹豫

答应前往吗？（ ）

5.犯了错误，你是否打算矢口否认自己的过失，并寻找适当的借口为自己开脱？（ ）

6.一般情况下，你能否直言不讳地说明自己拒绝某事的真实动机，而不以各种虚伪臆造的原因和情况来掩盖它？（ ）

7.经过认真讨论，你能否改变自己原先对某一问题的见解？（ ）

8.如果你阅读某人的作品（公务或受人之托），它是正确的，可是你不喜欢作者的写作风格，换了你，绝不会这样写，那么，你是否会修改这部作品，并坚持要按自己的意愿将它改头换面？（ ）

9.如果你看见商店的橱窗里有一件你很喜欢的东西，即使这件东西不十分必需，你也会买下它吗？（ ）

10.你是否会在有影响人物的劝阻下改变自己的决定？（ ）

11.你是否提前计划自己的假期而不是见机行事？（ ）

12.你是否一贯信守诺言？（ ）

**评分规则：**

这12道题目按下表确定你所得的分数：

| 问题 | 1 | 2 | 3 | 4 | 5 | 6 | 7 | 8 | 9 | 10 | 11 | 12 |
|------|---|---|---|---|---|---|---|---|---|----|----|----|
| 是 | 3 | 4 | 3 | 2 | 0 | 2 | 3 | 2 | 0 | 0 | 1 | 3 |
| 否 | 0 | 0 | 0 | 0 | 4 | 0 | 0 | 0 | 2 | 3 | 0 | 0 |

**测评分析：**

总分0~9分：你很犹豫。遇到任何问题你都会长久地苦苦掂量"是"还是"非"。如果能将做决定的担子卸给别人，你就会长舒一口气。在做出一项决定之前，你要和别人商量很长时间……而做出的决定又往往是模棱两可的。每逢会议，你情愿缄口不言，尽管在休息室里你既勇敢又健谈。请不要试图把这一切都归结为你"天生的"审慎。这实际上是怯懦的表现。

和你这样的人很难一起生活和共事，即使你学识渊博、阅历丰富，这种优柔寡断的性格特点也会大大降低你的"有效系数"。至少，你是难于依赖的，而且，你还要牵连别人。诚然，重新陶冶性格绝非易事，但这毕竟是可以做到的。请你从点滴小事做起，冒险按自己的意愿做出决定。这不会对你有任何影响。

总分10~18分：你做决定时小心谨慎。不过，碰到需要当机立断的重大问题你绝不会踢皮球。通常，在有足够时间做决定时你才犹豫不决。于是，各种各样的疑虑一齐向你袭来，你非常想去和上级"商量"，征得他们"同意"，尽管这个问题完全应该在你职权范围内解决。请更多地依靠自己的经验，它会告诉你如何正确处理问题。最后，你再去听取同事和下属的意见。这并不是为了留后路，而是为了检验自己是否正确。

总分19~28分：你没有拖延症。你的逻辑、研究问题时思维的连贯性、更主要的是你的经验，它们帮助你迅速地、基本正确地处理问题。当然，有时也会出现个别的疏忽，可你能意识到并采取措施补救。你很自信，不常深入群众，但你并不忽视别人的意见。一经下定决心，你就会坚持到底。不过，只要发现错了，你不会一意孤行以维护自己的脸面。这些都很好，但是，请你努力使自己永远保持客观，不要再认为就那些自己不大在行的问题去请教旁人而有失尊严。

总分29分以上：不果断对你来说完全是一个陌生的概念。你认为自己对工作中遇到的一切问题都是行家里手，你认为没必要弄清别人的意见。你理解的首长负责制就是个人有权独断专行。因而，批评意见往往会使你暴跳如雷，你甚至不愿对此稍加掩饰。当有人称你是一个坚决果断、意志刚强的人时，你印象深刻。其实，上述有关你的所作所为根本不是意志的表现。为了使周围的人确信这种看法的正确性，你经常否定他人正确的意见。你片面地对待错误，深信那只是别人的过失，而不是你的。唯我独尊，这是一个严重的缺点。如此的性格特点，如此的工作作风，只会打击下属的积极性，压制他们独立工作的愿望，使他们变得优柔寡断。这正是你所要避免的。所有这些丝毫无益于事业，只能给集体带来严重的心理创伤，影响工作的开展。这是不行的，你必须马上改变自己的工作作风。

　　提示：9分以下和29分以上，都属于偏激性格，均不利于对问题的处理，更不利于职业成功。唯一的办法就是通过历练，使自己逐步求得完美，既不犹豫拖延，又不专横跋扈。

# 七

## 你连自己都不相信，又怎么能管好自己

　　做任何事情，首先要相信"我可以"，然后再着手去做，当然，这个过程中你的努力也很重要，但是前提是你一定要先相信自己，否则又如何能管理好自己？

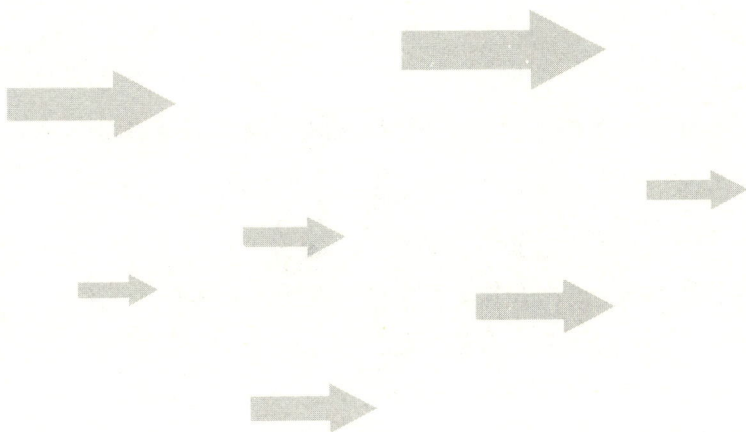

# 世界上最大的谎言就是 "你不行"

在这个时代，我们不可能独立地存在于这个社会中。可是我们不能因为这些，就让别人的议论成了生活的风向标。总是记得别人的议论，这是没有主见、没有自信的表现。它不但会影响我们的生活、学习，长此以往，还会让我们的心态更加消极，更有甚者，我们不再敢自己寻找未来，而是从别人的眼中寻找未来。

理查德·费曼是美国的科学奇才，他的妻子性格开朗，总是善于从一些小事中寻找生活的乐趣，所以，他们的婚姻生活很幸福，一直是身边朋友羡慕的对象。

有一次，费曼的妻子给身在普林斯顿的他寄来一盒铅笔，上面还用一行金色的字表达了心中的爱意："亲爱的理查德！我爱你。"

费曼觉得这礼物是很好，但是写上一句亲昵的话，如果跟教授朋友讨论问题，忘在别人桌子上，别人会怎么想呢？他不好意思用这些笔。可是当时物质缺乏，他舍不得浪费，所以刮掉一支铅笔上的字来用。

第二天上午，费曼又收到一封妻子寄来的信，一开头就写着："想把铅笔上的名字刮掉吗？这算什么？你难道不以拥有我的爱为荣吗？"结尾用特大号字体写着："你管别人怎么想！"看到这段话，费曼非常震惊。"是啊，我为什么要管别人怎么想？生活是自己的，人生也是自己的，为什么活在别人的议论中？"他对自己说。

受到妻子的启发，他决定写一本讲述自己一生经历的书，而且就以

"你管别人怎么想"当书名。在这本书中，他记述了和妻子的感情、生活轶事和他自己在科学上的重大突破。

人生短暂，需要我们把握的东西有很多，如果你的人生总是不停地按着别人的要求来做自己，很显然，这样的人生是没有意义的。我们要知道，在人生道路上，我们只是别人眼中的一道风景，过了，就会很快地被人忘记。当你付出太多的努力来达到别人眼中的完美，别人也许已经丧失了关注你的兴趣。所以，不要过多地纠结别人的评价，要学会做自己的主人。

加拿大著名女演员索尼亚·斯米茨的童年是在渥太华郊外的一个奶牛场里度过的。

当时她在农场附近的一所小学里读书。有一天她回家后很委屈地哭了，父亲就问她原因。她断断续续地说："班里一个女生说我长得很丑，还说我跑步的姿势难看。"父亲听后，只是微笑。忽然他说："我能摸得着咱家天花板。"正在哭泣的索尼亚听后觉得很惊奇，不知父亲想说什么，就反问："你说什么？"

父亲又重复了一遍："我能摸得着咱家的天花板。"

索尼亚忘记了哭泣，仰头看看天花板。将近4米高的天花板，父亲能摸得到她怎么也不相信。父亲笑笑，得意地说："不信吧，那你也别信那女孩的话，因为有些人说的并不是事实！"

索尼亚就这样明白了，不能太在意别人说什么，要自己拿主意！

她在二十四五岁的时候，已是个颇有名气的演员了。有一次，她要去参加一个集会，但经纪人告诉她，因为天气不好，只有很少人参加这次集会，会场的气氛有些冷淡。经纪人的意思是，索尼亚刚出名，应该把时间花在一些大型的活动上，以增加自身的名气。索尼亚坚持要参加这个集会，因为她在报刊上承诺过要去参加。"我一定要兑现诺言。"她说。结果，那次在雨中的集会，因为有了索尼亚的参加，广场上的人越来越多，她的名气和人气也因此骤升。

后来，她又自己做主，离开加拿大去美国演戏，从而闻名全球。

自己拿主意，当然并不是一意孤行，孤芳自赏，而是忠于自己，相信自己，不轻易被别人的思想左右。但是生活中，人人都难免有从众心理，常常会为了顾及面子而依附于他人的思想和认知，从而失去独立的判断，处处受制于人。这真是一种莫大的悲哀，作为一个人，我们要有自己的主见，不可盲目地追随别人。

拿破仑的妻子玛丽曾经每天陷于苦恼之中。她的个子不高，体重却是玛丽莲·梦露的两倍。

身高的缺陷再加上并不出众的容貌让玛丽感到很难过。有一次她去美容院，美容师肯定地告诉她，不可能把她的脸变成杰作。听到这句话，玛丽恨不得钻到地缝里去。慢慢地，她不敢去公众场合，害怕别人注意到自己，害怕别人对自己指指点点。

有一天，她一个人在广场上散步，这时她看到了一个矮小而肥胖的老妇人。这个老妇人的脸上擦满了厚厚的脂粉，嘴唇上还涂着鲜红的唇膏，一身名牌的穿戴让她看上去十分高贵。

由于这个老妇人很胖，她手里的手杖支撑了很大的力量。突然，手杖的尖头深深地戳进了地里。当她用力地往外拔时，因为用力过猛，身体一下失去了重心，她重重地跌倒在了地上。

一下子，这个老妇人被摔得站不起来了。玛丽心想，她的心情肯定沮丧到了极点，在大庭广众之下摔倒毕竟不是一件优雅的事情。

因为自己也出过这种洋相，玛丽非常同情这个老妇人。然而，这个老妇人却做出令她意想不到的事情，她坚强地站了起来，然后对玛丽笑了笑："瞧我不小心摔了个大跟头。"说完，还冲玛丽做了一个鬼脸。看着她离去的背影，玛丽突然意识到：没有人真正注意到你的所作所为，是你自己心里的"鬼"在作祟。

经历过这件事后，玛丽开始逐渐调整自己的心态，她决定不再考虑别人对自己的看法，也不会再因为别人的嘲笑而闷闷不乐。这时她才领悟到：只有学会释然，学会不计较别人的看法，自己才能活得快乐，赢得别人的尊敬。

当我们太过在意别人的评价时，有时候会在别人的逢迎或夸奖中迷失自己，更容易在别人的议论中丢盔弃甲，很难去坚持自己的想法和判断。同时，太在意别人的评价会让我们经常患得患失，害怕一切可能会产生不好的后果。结果，自己承受的压力越来越大。每天面对着千目所视、万手所指的压力，你总会害怕别人都在注意自己的缺点或疏漏。这可怕的想法会使你退缩，失去积极主动的活力。

生活中，虚心地接受别人的意见有助于自己更快地成长，可是过分地依赖别人的意见会使我们丧失主见。意大利作家但丁说过这样一句话："走自己的路，让别人去说吧。"很多人明白这个道理，但是能够做到这一点的人少之又少。我们总是太过在意别人的眼光，如果有人说我们的衣服难看，我们第二天就会绝不再穿；当别人说你的声音不够甜美，那么你就会很少说话。做完一件事，我们总是依靠别人的评价给自己打分，别人的看法会被我们牢牢印在脑海之中，好的评价总会让我们心情愉悦，而那些不好的则给我们生活带来无尽困扰。

如果不付诸实施，我们很难验证一个想法正确与否，因此，与其把精力花在一味地去献媚别人、顺从别人上，还不如把精力放在提升自己上。改变别人的看法总是很难，改变自己却很容易。我们可以参考别人的模式，但是中间的精髓一定要是自己的。

# 你一定要努力，但切忌急功近利

我们都渴望成功，这种心态谁都能理解，但是你要明白，成就一番事业并不容易，不要一开始就盯着成功不放。做事若急于求成，就会像饥饿的人乍看到食物，狼吞虎咽地吞食，反而会引起消化不良。请记住，你一定要努力，但千万别着急。

虚尘禅师以佛法度众生，为人谦厚，深得信徒拥戴，他每每开坛讲法，都听者众多。

有一天，一位小商人向虚尘禅师发火："我听了你的弘法后，诚信经营，薄利多销，顾客在逐渐增多，但为什么我的收入还是不能增加呢？"

禅师不急不躁，他微笑着对这位商人说："有一棵苹果树，它接受了阳光、雨露、养料，春天花开，夏天结果，秋天成熟。成熟的时候，并非所有的苹果都会同时成熟。有些苹果早已熟透了，而有的苹果依旧青青待熟，并非它不会成熟，只是时间还没有到而已。"

商人醒悟过来，他明白要想有大成就要慢慢积累。向禅师道歉后，他离开了寺院。

一年后，虚尘禅师收到这位商人托人送来的香火钱。他在信中说自己的生意红红火火，以致没有时间亲自到寺院致谢，只好托人送香火钱以表谢意。

太想赢的人，最后往往很难赢。太想成功的人，往往很难成功，太想达到目标的人，往往不容易实现。欲速则不达，凡事不可急于求成。

相反，以淡定的心态对之、处之、行之，以坚持恒久的姿态努力攀登，努力进取，成功的概率却会大大增加。

"揠苗助长"的故事中，农夫急功近利，反而适得其反，导致他的麦苗全部死了，落得一个揠苗助长的笑话。许多事业都必须有一个痛苦挣扎、奋斗的过程，正是这个过程将你锻炼得无比坚强并成熟起来。朱熹说："宁详毋略，宁近毋远，宁下毋高，宁拙毋巧。"一定程度上说明了"欲速则不达"的道理。

在山中的庙里，有一个小和尚被派去买菜油。出发之前，庙里的厨师交给他一个大碗，并严厉地警告他："你一定要小心，绝对不可以把油洒出来。"

小和尚下山买完油，在回寺庙的路上，他想到了厨师凶恶的表情及郑重的告诫，心里紧张极了，于是想早点回到庙里去，不觉加快了脚步。然而天不遂人愿，因为他没有仔细看路，结果快到庙门口的时候，踩到了一个洞。虽然没有摔跤，碗里的油却洒掉了三分之一。小和尚懊恼至极，紧张得手都开始发抖，以至于无法把碗端稳。等到回到庙里时，碗中的油就只剩下一半了。

厨师非常生气，指着小和尚骂道："你这个笨蛋！我不是说要小心吗？为什么还是浪费这么多油？真是气死我了！"小和尚听了很难过，开始掉眼泪。这时，一位老和尚走过来对小和尚说："我再派你去买一次油。这次我要你在回来的途中，多看看沿途的风景，回来后把你看到的美景描述给我听。"小和尚很是不安，因为自己非常小心都还端不好，要是边看风景边走，更不可能完成任务了。不过在老和尚的坚持下，他勉强上路了。

在这次回来的途中，小和尚听从老和尚的意见，观察起沿途的风景，这时，他惊奇地发现山路上的风景如此美丽：远处是雄伟的山峰，山腰上有农夫在梯田上耕种，一群小孩子在路边快乐地玩，鸟儿轻唱，轻风拂面……

在美景的陪伴中，小和尚不知不觉就回到庙里了。当小和尚把油交给厨师时，他发现碗里的油还装得满满的，一点都没有损失。

最终能够征服珠穆朗玛峰的人，靠的是一步一步的攀登，从来就不曾有人一下就能登顶。事业上的成功也是一样，需要脚踏实地。

有千千万万的人开始时都做着微不足道的工作，每天晚上都会设想自己成功的无数种可能，但是，他们总是抱怨自己生不逢时，没有一份前途光明的工作，没有一个可以发展的平台，没有贵人相助……殊不知，每个成功人士何尝不是从基层做起的呢？

人生有无数种开始的可能，同样结果也有无数种可能。现在的强者，何尝不是曾经的弱者？事实上，几乎所有的成功人士，所有的社会人，在刚开始工作的时候，都是从卑微的工作岗位做起的，这几乎是成功的定律和真理。

现在有很多有抱负的年轻人都希望通过自己创业，获得人生事业的成功，成为一个家财万贯的成功人士。现实往往是我们很多人没有骄人的家庭背景，没有资金，也没有丰富的人脉资源……我们的起点可能会很低，但这并不意味着我们不能成功。

许多成功人士的起点都很卑微。但是，"卑微"是指工作岗位的不起眼，并非人格要卑微。也就是说，我们从事的可能是一项非常不起眼的、不重要的工作，但是这并不意味着我们要低人一等、有自卑心理。没有人可以一步登天，每个人都必须从卑微做起。

# 人生太平"淡"？撒点独创"盐"

　　每个人都是这个世界独一无二的个体，有着上天赋予的独特能力和天赋。

　　春秋时代，越国的美女西施倾城倾国。无论是她的举手投足，还是她的音容笑貌，样样都惹人喜爱。西施略施淡妆，衣着朴素，走到哪里，哪里就有很多人向她行注目礼，所有人都为她的美貌惊叹。

　　西施患有心口疼的毛病。有一天，她的病又犯了，只见她手捂胸口，双眉皱起，流露出一种娇媚柔弱的女性美。当她从乡间走过的时候，乡人无不睁大眼睛注视。

　　乡下有一名丑女，名叫东施，不仅相貌难看，而且没有修养。她平时动作粗俗，说话大声大气，却一天到晚做着当美女的梦。今天穿这样的衣服，明天梳那样的发式，却仍然没有一个人说她漂亮。

　　这一天，她看到西施捂着胸口、皱着双眉的样子竟博得这么多人的注目，因此回去以后，她也学着西施的样子，手捂胸口、紧皱眉头，在村里走来走去。哪知她的矫揉造作使她原本就丑陋的样子更难看了。结果，乡间的富人看见东施的怪模样，马上把门紧紧关上；乡间的穷人看见东施走过来，马上拉着妻子、带着孩子远远地躲开。人们见了这个怪模怪样的女人，简直像见了瘟神一般。

　　每个人都有不同的特质。东施效颦为什么很丑，就是因为东施把别人的特质生硬地搬到自己身上。尊重上苍给你的才能，那才是适合你的，一味地模仿只会徒增烦恼。

模仿别人无法开创属于自己的一片天地，唯有"肯定知己，扮演自己"，将自己拥有的特色发挥到极致，生命才能获得精彩。好莱坞著名导演山姆·伍德曾经说过，年轻演员最重要的是保持自我。如果我们陷入模仿别人的怪圈中，将永远无法展现出真实的自我。

一只麻雀，总想学孔雀的样子。孔雀的步法是多么骄傲啊！孔雀高高地扬起头，抖开尾巴上美丽的羽毛，那开屏的样子是多么漂亮啊！"我也要像这个样子。"麻雀想，"那时候，所有的鸟赞美的一定会是我。"于是，麻雀伸长脖子，抬起头，深吸一口气让小胸脯鼓起来，伸开尾巴上的羽毛，也想来个"麻雀开屏"。麻雀学着孔雀的步法前前后后地踱着方步。可这些做法使麻雀感到十分吃力，脖子和脚都疼得不得了。最糟的是，其他的鸟，像趾高气扬的黑乌鸦、时髦的金丝雀，还有蠢笨的鸭子，全都嘲笑这只学孔雀的麻雀。不一会儿，麻雀就觉得受不了了。

"我不玩这个游戏了，"麻雀想，"我当孔雀也当够了，我还是当个麻雀吧！"但是，当麻雀还想像原来那个样子走路时已经不行了。麻雀除了一步一步地跳动外，再没别的办法行走了。

河南和山东交界处有个小村子，高速公路紧靠在村子旁边，来往的客车非常多。由于该村是这条公路的一个大站，因此有很多客车在夜里要在这里休息。这样一来，旅客的食宿就成了问题。村民常伟在这里面看到了商机，于是在这条公路旁开设了一家饭店，从事销售饭菜的生意，买卖十分兴隆。

同在一个村的郭伟看到常伟的生意非常好，便也想在常伟的饭店旁边再开设一家饭店，希望也能大赚一笔。可是他的朋友却极力劝阻，并建议他开一家冷饮专卖店，郭伟百思不得其解。朋友对他解释说，常伟的饭店已经基本上满足过往车辆的食物需要了，你再开与他一样的店已经没有市场了，只可能引起恶性竞争。与其模仿他，不如提供他所未提供的服务。郭伟听了朋友的建议后，觉得很有道理。于是，在这条高速公路旁，旅客们可以去常去的饭店吃饭，而且也能到郭伟的冷饮店喝酒水，就这样，常伟和郭伟的生意越做越好。

一味地模仿别人，盲目地去进行尝试，有时非但不能取得成功，反而会得不偿失。

所有的树叶看上去都一样，仔细观察后我们会发现不可能找到两片完全相同的叶子。人亦是如此，我们每个人都有与生俱来的特质。正是有了这种差异，我们的世界才会更加丰富多彩。总之，在生活中，追求一个并不适合自己的模式的人很难获得成功，也很难获得幸福。保持自己的本色，在顺其自然中充分发展自己是最明智的。模仿他人，你永远只是一个无人赏识的赝品。

福特车的制造商曾经这样说过："所有的福特轿车从性能到款式完全相同，但是，对于它的使用者来说，我们却找不出完全一样的两个人。"正是因为有所不同，我们才能发现一些旁人看不到的闪光点。我们每个人的个性、形象、人格都有其潜在的创造性，我们完全没有必要一味地模仿他人。卡耐基有一句名言："整日装在别人套子里的人，终究有一天会发现，自己已经变得面目全非了！"

# 一个人的时候，你能管好自己吗

　　人前做君子不难，人前人后都是君子，则是一个全新的高度。高度自律，不是为了他人的眼光，只为坚守自己的一份心安理得。因为心安，所以从容。

　　杨震是东汉时期的名臣，一次因公出去途经昌邑之地。曾经受到杨震提拔的昌邑县令王密在夜深人静的时候敲开他的房门，献出十两黄金以表达自己对他的感激。杨震拒绝了王密，王密对杨震说："半夜三更没有人知道，您就收下吧！这是我的一点心意。"杨震义正词严地回答："天知，地知，你知，我知，谁说没人知道！"他态度决绝地把黄金退给了王密。

　　元代大学者许衡也有过类似经历。一日，许衡与人结伴外出，天气十分炎热，一行人口渴难耐。在经过一棵挂满成熟果实的梨树时，其他人纷纷跑到树下摘梨解渴，只有许衡站在那里一动不动。于是就有人问许衡："你为什么不摘梨，难道你不渴吗？"许衡回答说："这不是我的梨，怎么可以随便乱摘呢？"大家讥笑他迂腐，哄笑着说："世道这么乱，谁还管这棵树是谁的呢！"许衡却不以为然，他说："世道乱，而我的心不乱；梨虽无主，可我心有主。"

　　"慎独"就是人前君子，人后亦君子，这一点对于修身是非常重要的。坚持"慎独"，就会在"隐"和"微"上下工夫，即人前人后都是一个样，不让任何邪恶念头萌发，才能防微杜渐，使自己的道德品质高尚。

《礼记·中庸》中说："君子戒慎乎其所不睹，恐惧乎其所不闻。莫见乎隐，莫显乎微，故君子慎其独也。"它的意思是说在最隐蔽的时候最能看出一个人的品质，在最微小地方最能显示人的灵魂，一个真君子，即使在没人的时候也不会显现出一点不好的言行，而是像在人前一样。

也就是说，一个人在无人独处的时候，对自己的行为也要加以检束。

曾国藩在他的《金陵节署中日记》里说："慎独则心安。自修之道，莫难于养心。心既知有善知有恶，而不能实用其力，以为善去恶，则谓之自欺。方寸之自欺与否，盖他人所不及知，而己独知之。故'大学'之'诚意'章，两言慎独。果能好善如好好色，恶恶如恶恶臭；力去人欲，以存天理，则'大学'之所谓自慊，'中庸'所谓戒慎恐惧，皆能切实行之。即曾子之所谓自反而缩，孟子之所谓仰不愧，俯不怍。所谓养心莫善于寡欲，皆不外乎是。故能慎独，则内省不疚，可以对天地质鬼神，断无行有不慊于心则馁之时。人无一内愧之事，则天君泰然，此心常快足宽平，是人生第一自强之道，第一寻乐之方，守身之先务也。"

疾风知劲草，烈火见真金。只有在独处的时候，才能知道一个人真正的品行。

从小我们受到的教育就在我们内心埋下了善恶的标准，但重要的不是我们心里有善恶，而是在我们的行为中能够遵守内心的标准，而不做违反善的行为，尤其是在没有别人监督的情况下。

君子慎独，话虽这么说，但是慎独不该只是先哲和圣贤们的追求，每个人都应该努力去践行之。无论何时何地，何种处境，都要时时刻刻注意自己的言行。

慎独是社会生活的净化器。一旦离开了别人的眼睛，个人的私欲成为至高无上的追求，降低自己的道德标准来快活自己的时候，你已经在悄悄地腐败。即使再华丽的外表，也掩不住真实的自己。

慎独来自于不断地反省自己，它可以使你的内心清朗透彻，可以让你的人格越发坚韧。慎独还是一面盾牌，它可以使你抵御来自方方面面的不良诱惑，可以使你踏实做事，坦荡为人，使得我们这个社会更加文明有序，相处和谐。

还有些人，平时看起来中规中矩，但一遇到事情，他的本性就暴露无遗，所有的美好形象不复存在，行为举止不再温文儒雅，言谈不再舒服有礼貌，取而代之的是粗俗，毫无气质和美德可言。

著名的漫画家丰子恺先生画过一幅非常能体现"慎独"题材的漫画，画上的题词是"无人之处"。画上的那个人在有人的时候总是戴着一个面具，笑容礼貌客气，但是没有人的时候他摘下了面具，面目狰狞，令人作呕。这就是"伪君子"、小人，当面一套，背后一套，表里不一。真正的君子和此类人的区别是，真君子任何时候都是一个样，不会因为有人或没人而改变自己的言行。

慎独是一个人内在品质的试金石，也是人生正己修身的必修课。生活在这喧嚣的浮世中，难免会有鲜花掌声和赞美，有时使我们不得不高贵矜持起来。但是慎独却可以锻炼我们，提醒着自己不可失了分寸，不能没了尺度，久而久之就会成为一种习惯，而慎独之人也就真正成了表里如一的君子。

慎独是一种宝贵的品德，它如空谷幽兰，即使不在人们的视野范围之内，在高山峡谷中也能坚守自己的本分，保持自己的操守，守着天地，径自绽放，静默飘香。

# 别让猜疑毁灭了你的拥有

胡乱猜疑是健康人际关系的大忌，如果经常猜疑他人，会导致自我封闭，阻隔了外界信息的输入和人间真情的流露，甚至由怀疑别人发展到怀疑自己、怀疑自己的能力，失去信心，变得自卑、怯懦、消极、被动。

《列子·说符》中说，有个人丢了一把斧子，猜疑是邻居的儿子偷的。有了这个想法后，邻居儿子的一举一动，甚至走路的姿势，面部的表情，说话的腔调，在他看来也都像是偷了斧了的模样。后来他在山沟里挖地时，无意中找出了自己丢的斧子，以后再看他邻居的儿子，觉得其举止、态度，便都不像偷斧子的样子了。这个疑人窃斧的故事，很形象地刻画了猜疑者主观武断的心理。

爱胡乱猜疑的人，经常想一想这个故事，对于克服偏见，增长一些科学的态度，学会全面、准确地看问题，是有好处的。

俗话说："疑心生暗鬼。"猜疑情绪是妨害正常的人与人之间关系的腐蚀剂。一个人一旦被猜疑情绪支配了自己的思想和行动，那他就必然被别人不信任，离心离德，或捕风捉影，或无中生有，这样，他不仅不能正确看待别人，也会错误估价自己；从历史上来看，当权者倘爱猜疑，其危害就不是一人一事，而将要误政误国。

隋文帝"不明而喜察"，疑下而独裁，酿成群臣"唯取决受成，虽有愆违，莫敢谏争"。李世民说他："此所以二世而亡也。"到了隋炀帝，更是"多猜忌"，加快了隋朝的灭亡。"倘君臣相疑，不能备尽肝膈，实为国之大害也。"李世民的这一见解，实在言简意赅！有些人产生猜疑心，往往与轻信道听途说有很大关系。

《三国演义》上的长坂坡一战，刘备所部被曹军打得七零八落。他正在慌乱之中，糜芳又报告说："赵子龙反投曹操去了也！"张飞一听，便猜疑赵云背信弃义，立即大怒道："待我亲自寻他去，若撞见时，一枪刺死！"尽管刘备告诫他："休错疑了……子龙此去，必有事故。吾料子龙必不弃我也。"张飞仍是不信，径自引二十余骑，到长坂坡寻杀赵云。其实，赵云是为救甘糜二夫人和刘备的儿子阿斗，才单枪匹马，杀回乱军之中。幸亏简雍亲眼目睹，并报信给张飞，这才避免了一场误会。

耳听为虚，那么眼见是否就一定为实呢？也不见得。

孔子在陈蔡绝粮的时候，有一次亲眼看到颜回在煮饭时捞了一把，填到了嘴里，便猜疑颜回揩了油，于是旁敲侧击，诱导性地说："这饭很干净，我要先用它祭祖先。"颜回忙说："不可！刚才有灰尘落到了锅里，我已经捞出来吃掉了。"这时孔老夫子才恍然大悟，知道自己弄错了。由此他深有所感地说："知人固不易矣。"并强调指出："道听而途说，德之弃也。"

老先生从实际生活中得到教训，懂得了单凭自己的眼睛，有时候也并不可靠，真正了解实情，还得做些深入调查。

克服猜疑情绪，首先要自己待人以诚。俗话说："人上一百，形形色色。"每人的出身经历、脾气禀性，文化修养都各有不同，风格气质也千差万别，不能够强求一律。他人对问题有不同看法，采取了不同态度，是其应有的权利，要尊重、支持，切忌不合自己心意，就猜疑他人动机。那样，就要把简单问题复杂化，不仅无助于交流思想，沟通感情，统一认识，团结同志，更会使矛盾和分歧越来越大。

正确的态度只能是设身处地，将心比心，多为别人想一想，多站在别人角度想一想。如果确有原则性问题，也要本着严于责己，宽以待人的态度，热情诚恳地进行批评和自我批评，以便消除分歧，取得互谅互让。那种对别人吹毛求疵、神经过敏，乱加猜测的做法，不仅影响团结、伤害别人，也会孤立自己、伤害自己。

对别人不可胡乱猜疑，而如果有谁猜疑到自己头上，也要用正确的态度对待，有个"任凭风浪起，稳坐钓鱼台"的气度。只要自己的思想正确，行为得当，对于别人不负责任的误会和批评，必要时可以申明和解释一下，如果解释不了，就任凭他人说去。因为误会迟早会消除的。

# 生于忧患，穷则思变

为人父母的经常担心孩子，因为爱孩子。同样道理，正因为在乎一些事情，才会担忧，才能看到隐藏着的不安定因素。因为在乎自己的将来，所以需要居安思危。穷则思变，那些无时无刻存在的危机感，会促使你不断地变优秀。

从前，有个国王命人养了很多战马，尽管敌国一直伺机要攻打该国，终因了解到他们有许多能征善战的好马而作罢。于是国王便想：如今敌兵退散，养这些马还有何用？不如让它们去劳作。于是就将这些战马"改行"让人们牵去拉磨。邻国得知这一消息后，再次兴兵进犯，当国王再次下令召回这些良马参加战斗时，它们却因常年拉磨，已经丧失了奔驰能力。号令下后，无论主人怎么狠命鞭打，它们只是原地转圈。结果邻国毫不费力便攻占了这个国家。

世界上最可悲的事就是：曾经有一个非常好的机会，可惜我没有把握住。遗憾的是，这种事情在很多人身上都发生过。其实，机会对我们所有人都是平等的，它有可能降临在我们每一个人的身上，但前提是在它到来之前，你一定要做好准备。

有一个叫罗伯特的美国人，想用80美元来周游世界，别人都认为他是在痴心妄想。罗伯特没有理会那些冷嘲热讽，他找出一张纸，写下为用80美元旅行而做的准备。

1.设法领取到一份可以上船当海员的文件；

2.去警察局申领无犯罪证明；

3.考取一个国际驾驶执照，找来一套地图；

4.与一家大公司签订合同，为之提供所经国家的土壤样品；

5.同一家胶卷公司签订协议，可以在这家公司的任何一个分公司免费领取胶卷，但要拍摄照片为公司做宣传；

……

当罗伯特完成上述的准备之后，他就在口袋里装好80美元，兴致勃勃地开始了自己的旅行。结果，他完全实现了自己的梦想。

以下是他一些旅行经历的片断：

1.在加拿大巴芬岛的一个小镇用早餐，他不付分文，条件是为这家餐馆拍照并承诺在旅行中宣传；

2.在爱尔兰，花5美元买了4箱香烟，从巴黎到维也纳，费用是送司机一箱香烟；

3.从维也纳到瑞士，由于他搭乘货车的司机在半途得了急病，已经拥有国际驾驶执照的他将司机送到了医院，并将货物安全送到了目的地，货运公司非常感激他，专门派车将他送到了瑞士，当然是免费的；

4.在西班牙一家新开张的公司门口，由于他们用来拍摄庆祝画面的照相机出了故障，罗伯特免费为他们拍摄了照片，他们送给罗伯特一张到达意大利的飞机票；

5.在泰国，由于提供了一份美国人最近旅游习惯的资料，他在一家高档的宾馆享受了一顿丰盛的晚餐。

……

愚者错失机会，智者善抓机会，成功者创造机会。对有准备的罗伯特来说，遍地都是机会。看来，这准备二字，真不是说说而已。

据调查，在世界500强企业名录中，每过10年，就会有13家以上的企业从这个名录中消失，或落魄或破产，在总结这些企业衰落的原因时，人们发现，春风得意之时正是这些企业衰落的开始，因为正是在这个时候，他们忽视了危机的存在，忘记了产品开发以及经营管理的超前性。

我们看到，在世界500强中长期站住脚的企业，对危机意识有着另一种深刻的认识。他们即使在企业发展很顺利的时候，依然保持着一定的危机意识。

在德国奔驰公司前董事长埃沙德·路透的办公室里挂着一幅巨大的恐龙照片，照片下面写着这样一句警示语："在地球上消失了的，不会适应变化的庞然大物比比皆是。"

英特尔公司原总裁兼首席执行官安德鲁·葛洛夫有句名言叫"惧者生存"。这位世界信息产业巨子将其在位时取得的辉煌业绩归结于"惧者生存"四个字，足见安德鲁的忧患意识。

通用电气公司前任董事长兼首席执行官韦尔奇说："我们的公司是个了不起的组织，但是如果在未来不能适应时代的变化就将走向死亡。如果你想知道什么时候达到最佳模式，回答是永远不会。"也正是因为洞察到变革的必要，韦尔奇提出了企业也要居安思危的观点。

百事可乐公司的负责人韦瑟鲁普在公司蒸蒸日上的时候，反而提出了"末日管理"理论，他经常以大量令人信服的信息让员工体会到危机真的会来临，"末日"似乎不远，以此激发员工不断积极向上的斗志，并要求公司的年经济增长率必须保持在15%以上。

比尔·盖茨同样是个危机感很强的人。当微软利润超过20%的时候，他强调利润可能会下降；当利润达到22%时，他还是说会下降；到了今天的水平，他仍然说会下降。他认为这种危机意识是微软发展的原动力。微软著名的口号"不论你的产品多棒，你距离失败永远只有18个月"，正是这种危机意识的体现。也可能正是因为微软的这种高度警惕性，它能随机应变地顺利渡过反垄断案的难关。

张瑞敏也曾说过"我每天的心情都是如履薄冰，如临深渊"。他的这种意识会催促员工对外界环境变化保持清醒头脑。20年来海尔经历了多次经济环境、市场格局的剧变，但每一次它都用行动证明了自己是最适者，是禁得起考验的。

就像IBM的总裁郭士纳先生所说的那样："长期的成功只是在我们时时心怀恐惧时才可能。不要骄傲地回首让我们取得过往成功的战略，而是要明察什么将导致我们未来的没落。这样我们才能集中精力于未来的挑战，让我们保持虚心、学习的饥饿及足够的灵活。"

孟子云："生于忧患，死于安乐。""忧患"就是艰难困苦，不堪忍受；"安乐"就是安逸舒适，快乐惬意。"生于忧患"，就是困苦磨炼了人的意志，催人奋发向上，使人生命力顽强，朝气蓬勃。"死于安乐"，就是说安逸舒适的生活，会消磨人的志向，使人贪图享乐，惧怕艰苦，不思进取，从而使人失去了生存能力与旺盛的生命活力。

忧患意识，是中华主流文化的精髓，是关注社会，面对人生，正视现实的基本素质。古代文学家范仲淹，一直都在颂扬"先天下之忧而忧"的民族精神。法国教育家卢梭也指出："在我们中间，谁能忍受生活中的幸福和忧患，谁就是受了最好教育的人。"

简单地说，忧患意识，是指一个人对未来的预见意识和防范意识，并由此产生危机感和责任感，产生自控能力，不至于得意忘形。

## 链 接：你是个多疑的人吗

**测试开始：**

1.你对人容易生疑心吗？

A.是　B.否

2.你认为每个人都是有目的的吗？

A.是　B.否

3.你怀疑许多人逃税吗？

A.是　B.否

4.如果事先知道谎言不会被识破，你怀疑很多人都会欺骗别人吗？

A.是　B.否

5.你很难信任别人吗？

A.是　B.否

6.你不喜欢借东西给别人，因为你怀疑对方不会还？

A.是　B.否

7.你会把日记本放在桌上吗？

A.是　B.否

8.你经常查对银行账单吗？

A.是　B.否

9.付完账以后，你会数数找回的零钱吗？

A.是　B.否

10.你不会将皮包放在自己看不到的地方？

A.是  B.否

11.你相信别人随时都可能骗你吗？

A.是  B.否

12.一时找不到东西，你会怀疑被偷了吗？

A.是  B.否

13.在陌生的城市问路，你会问两个人以上才确定吗？

A.是  B.否

14.如果对方临时取消约会，你会怀疑他的动机吗？

A.是  B.否

15.你认为人基本上都诚实吗？

A.是  B.否

**评分标准：**

选A得1分，B得0分。

**结果分析：**

0~4分

评价：你是一个非常多疑的人。这样的情况很危险，严重的话，可能会产生偏执狂倾向。

5~9分

评价：你本来是很信任别人的，然而经验告诉你，这个世界上仍有许多不诚实者存在，所以你的信任中往往带有怀疑的成分。

10~15分

评价：你是个非常信任别人的人。你认为人基本上都是可靠的。当然你可能因此会常常失望。有些人甚至会利用你这种天性而故意欺骗你，不过像你这样的人通常会活得比较快乐。

# 八

# 你的欲望，正在慢慢毁掉你

不要每天暗自忧伤为什么别人都是千万富翁，而自己却赚得那么少。每个人都有每个人的活法，千万富翁有千万富翁的烦恼，清贫者有清贫者的快乐，最重要的是活得自在。如果你控制不好内心的杂念，管理不好多余的欲望，你的生活永远不可能轻松自在。

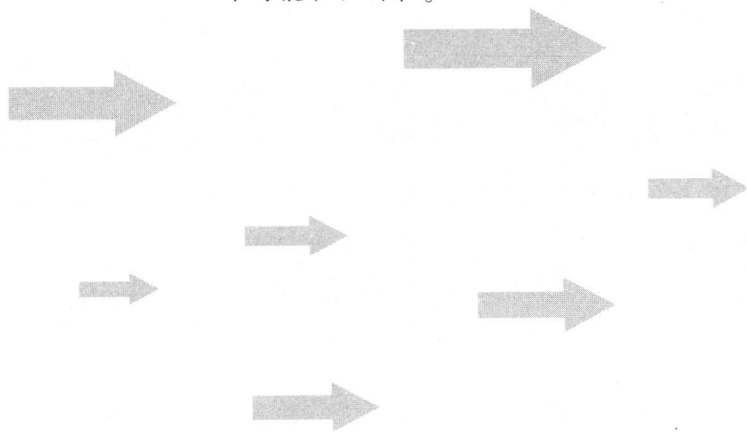

# 非淡泊无以明志，非宁静无以致远

司马迁在《史记》中写道："天下熙熙，皆为利来；天下攘攘，皆为利往。"这两句话写在《史记》里面，恐怕颇有深意。古往今来，有多少王侯将相为名利付出了惨痛的代价，哪怕是普通人，也有太多人为了名利劳碌一生，苦不堪言。

淡泊名利是一种人生境界。人到了某些高度就一定会得到一些名与利，走到哪里都有无数人赞誉，而这个时候往往就是被名利蒙蔽的时候，只顾着享受着鲜花与掌声，学术研究也不做了，工作也不认真了，最后被困于名利之中。

庄子在濮水垂钓，楚王委派二位大夫前来请庄子出山，并许以高官厚禄。

庄子持竿不顾，淡然说道："我听说楚国有只神龟，被杀死时已三千岁了。楚王珍藏之以竹箱，覆之以锦缎，供奉在庙堂之上。请问二位大夫，此龟是宁愿死后留骨而贵，还是宁愿生时在泥水中潜行曳尾呢？"

二位大夫道："自然是愿活着在泥水中摇尾而行。"

庄子笑说："二位大夫请回去吧！我也愿在泥水中曳尾而行。"

庄子辞官悠然钓鱼，思考人生；陶渊明辞官耕田，喝酒吟诗。他们每天不用费尽心思地让自己站在名利的顶端，也不用担心自己随时被人排挤下去，人生过得悠然自得。

可以想象，一艘小船没有系在岸边，风往哪里吹，它就往哪里走，风停了，它也停了，人的一生如果能够达到这样自由洒脱的境界，夫复何求。我们的心应该像一面镜子，看见了世界，也看见了自己，外视世界，自视内心。静下心来，看清自己本初的愿望。

"外在紧张忙碌，积极进取，内在坦荡从容，做生命的主人，乘物以游心"，这是庄子的"心斋"。如何才是心斋？庄子讲过一个有趣的故事：有一个工匠很会雕刻，他刻的人与真人完全一样。君王看了吓一跳，问他：怎么能刻得那么像呢？工匠回答说："我开始刻的时候，一定要先守斋。三天之后，心里就不会想会得到什么赏赐；五天之后，就不敢想别人会不会称赞我，说我技巧很高；七天之后，就忘了自己有四肢五官了。"

心斋的意思，就是把功名利禄统统排除；把别人对你这种技术的称赞也都设法排除；最后连自己的生命都要设法超越，然后才去雕刻。这个时候，雕刻已经没有主观的欲望成见，刻什么像什么。

一位古代哲人说："没有大烦恼与灾祸的日子，就是天大的幸福。"古希腊的大哲人伊壁鸠鲁说："幸福，就是身体的无痛苦和灵魂的无纷扰。"

有一天，国王独自到花园里散步。看到花园里所有的花和树木都枯萎了，园中一片荒凉，国王很吃惊。询问园丁后，国王了解到，橡树由于没有松树那么高大挺拔，因此轻生厌世死了；松树因为自己不能像葡萄藤那样结出许多果实，嫉妒死了；葡萄藤哀叹自己终日匍匐在架子上，不能直立，不能像桃树那样开出可爱的花朵，气死了；牵牛花叹息没有紫丁香那样的芬芳，病倒了——所有的花草树木都因为彼此羡慕、彼此嫉妒而丧失了生命的光彩。最后，让国王转悲为喜的是，细小的远志还在茂盛地生长。

国王看了看平凡得不能再平凡的远志，问道："小小的远志啊，别的植物全都枯萎了，为什么你却这么乐观坚强，毫不沮丧呢？"

小草回答说："国王啊，我一点也不灰心失望。因为我知道，如果国王您想要一棵榕树或是一棵松柏、一些葡萄藤、一棵桃树、一株牵牛花、一棵紫丁香什么的，您可以马上叫园丁把它们种上，而我知道您希望我做的就是成为小小的远志。"

名利看不破终会为其所累。中国古典名著《红楼梦》里有一首千古绝唱的诗歌："世人都晓神仙好，惟有功名忘不了！古今将相在何方？荒冢一堆草没了！世人都晓神仙好，只有金银忘不了！终朝只恨聚无多，及到多时眼闭了。"有的人把名利看得太重，终其一生都在争名逐利，而追逐到了却又发现自己仿佛一无所得。

安于平凡，才能像上面小故事中的远志一样，没有烦恼地茁壮成长，将阳光和雨露当作上天对自己的最大恩赐，从而快快乐乐地生活。做一棵安于平凡的远志，幸福与成功两不误，何乐而不为呢？

唐代诗人刘禹锡有《陋室铭》自叙其志，他写道："山不在高，有仙则名。水不在深，有龙则灵。斯是陋室，惟吾德馨……无丝竹之乱耳，无案牍之劳形。"刘禹锡的书房很简陋，他不在乎装修是否华丽，只着迷于与文人朋友坐而论道，安静地看书写文章。

只有用淡泊名利的思想去对待金钱、名誉、地位的得失，才能在繁纷复杂的环境中保持清醒的头脑，才能还我们内心一个悠然逍遥。这远比高楼广厦，锦衣玉食要重要得多。

诸葛亮有一句名言："非淡泊无以明志，非宁静无以致远。"淡泊名利，并不是逃避现实，而是保持一份理性。人生在世，名利相争难以避免，而盲目地沉溺在名利之中，会令人迷失方向。把名利当作浮云，飘飘然然在眼前，吹起自在的风，把名利吹散，不让它们遮挡住自己的视线，不让名利占据自己的生活。

# 以欢喜心看世界，以平常心过生活

在生活中随遇而安，纵然身处逆境，仍从容自若，以超然的心情看待苦乐年华，以平常的心情面对一切荣辱。平常心是人生中的一种美丽，不虚饰，不做作，襟怀豁然；洒脱适意的平常心态不仅给予你一双潇洒的洞穿世事的眼睛，同时也使你拥有一个坦然充实的人生。

前秦氐族人苻朗所撰《苻子》记载：传说夏王大康时，东夷族的首领名叫后羿（并非尧帝时射日之后羿），是一位百步穿杨的神射手。夏王听闻后，非常欣赏他的本领，于是便派人招他入宫来给自己表演。

夏王带他到御花园里找了个开阔地带，叫人拿来了一块一尺见方、靶心直径大约一寸的兽皮箭靶，用手指着说："今天请先生来，是想请你展示一下精湛的本领，这个箭靶就是你的目标。为了使这次表演不至于因为没有竞争而沉闷乏味，我来给你定个赏罚规则：如果射中了的话，我就赏赐给你黄金万两；如果射不中，那就要削减你一千户的封地。现在请先生开始吧。"

后羿听后脸色不定，呼吸紧张局促，而后乃引弓射箭，没想到竟然没有射中。如此，后羿变得更加急躁了，他再次弯弓搭箭，但结果却射得更偏。

夏王对大臣傅弥仁说："这个后羿，射箭是百发百中的，但对他赏罚，反而就不中靶心了，这是何故呢？"傅弥仁说："高兴和恐惧成了他的灾难,万两黄金成了他的祸患。人们若能抛弃他们的高兴和恐惧,舍去他们的万两黄金，那么普天之下的人们都不会比后羿的本领差了。"

面对得失成败，不同人有不同的态度，但患得患失却是不少人的通病。面对得失，斤斤计较，瞻前顾后，犹豫不决，吃着碗里，看着锅里的，"得之若惊，失之若惊"。

一个和尚肩上挑着一根扁担信步而走，扁担上悬挂着一个盛满绿豆汤的壶。他不慎失足跌了一跤，壶掉落到地上摔得粉碎，这位和尚仍若无其事地继续往前走。

这时，有一个人急忙跑过来说："你不知道壶已经破了吗？"

"我知道。"老和尚不慌不忙地回答道，"我听到它掉落了。"

"那么你怎么不转身，看看该怎么办？"

"它已经破碎了，汤也流光了，你说我还能怎么办？"

在得失之间，一定要有寓言中和尚那样的心态：得则得之，失则失之。任何东西都是生不带来、死不带去的，何必让自己饱受心惊的煎熬呢？

有这样一个故事：清代有一位老童生，考了大半辈子，也没有考上秀才。最后，他和儿子一起去参加科举考试了。也许是失望太多的缘故，放榜的那天，老童生自己都不敢去看榜，只是让自己的儿子去看看。儿子看榜回来，老童生正在洗澡。儿子兴高采烈地告诉他，我考取了，是第几名。看着儿子的样子，老童生脸一沉，训诫儿子，考取个秀才，有什么值得大惊小怪的！儿子赶紧收敛笑容，告诉父亲，你也考取了，是第几名。老童生闻言兴奋地从澡盆里跳出来，没穿衣服就跑到院子里大喊：我考上了！我考上了！

老童生很可笑。但是我们想想吴敬梓笔下的范进，不也是一样吗？用老子的话说，这就叫作"宠辱若惊"。人生在世，难免会遇到一些是是非非，经历一些风风雨雨。在生活中，我们常常看到，人很难放下功名屈辱，也就是说，对此也很难看得开。当一个人有了成绩的时候经常欣喜若狂，甚或得意忘形。如果遇到挫折则垂头丧气，甚至一蹶不振。但是在老子的思想中他是反对这样的，他认为这些人是把自己看得太重了，如果根本感觉不到你自己的存在，你还会有什么忧虑和困扰呢？

宠辱不惊不是一种表面的样子，而是一种实实在在的内心修养。日本的白隐禅师的故事，也许能给我们一点启发。

白隐禅师是位生活纯净的修行者，受到乡里居民的称颂，大家都认为他是位可敬的圣人。然而，一次突发的事件给他造成了不良的影响。附近乡里有一家小店铺，店主夫妇有个漂亮的女儿。有一天，老店主发现女儿的肚子无缘无故大了起来。一个未出阁的姑娘，做出了这样不可告人的事，她的父母非常愤怒。在父母的一再逼问下女儿终于吞吞吐吐说出“白隐”二字。大家尊敬的圣人竟然做这样的事！老店主夫妇怒不可遏地去找白隐讲理。然而，这位大师对这件事根本就不置可否，只是若无其事地说：“就是这样吗？”

孩子出生以后，就被送给白隐。这时候，这位受人尊敬的出家人已经是名誉扫地，大家都觉得他是一个伪君子，欺骗了大伙儿。但是白隐禅师并不以为然，他非常细心地照顾孩子，向附近的乡民们乞讨婴儿所需的奶水和其他用品。人们往往对他白眼以对，有时候还冷嘲热讽，不过因为可怜孩子，最后多少都会给点施舍。白隐对这一切总是处之泰然，仿佛他是受托抚养别人的孩子一般。

一年以后，那位未婚先育的姑娘终于不忍心再欺瞒下去，老老实实地向父母吐露真情：其实，孩子和白隐没有关系，孩子的生父是在鱼市工作的一名青年。老店主夫妇知道真相后，立即将她带到白隐那里，向他道歉，请他原谅，并将孩子带回家自己抚养。白隐仍然是淡然如水，他没有诉说自己的委屈，也没有乘机教训这一家人，只是在交回孩子的时候，轻声说了一句："就是这样吗？"仿佛什么事也不曾发生过。

白隐禅师的行为和老子主张的宠辱不惊有异曲同工之妙。道家的人很注重内心的修养，老子提倡的，实际上是一种把自己锤炼得宠辱不惊的心态。这自然与社会现实中的势利之交判若天隔。

东汉中期著名官员第五访，年幼时家境贫寒，曾经到豪门大族家里打工，挣钱奉养兄嫂。少年的艰辛，令他尝遍了人间疾苦，对人民的遭遇有了更加深切的体会。长大以后，他被人举荐当了郡守的总务长，处理地方上一些人事的任免以及其他政务。任职期间他兢兢业业，尽职尽责，政绩显著，很快就得到提拔，担任了县令。在上任之后，更是治县有方，百业兴盛。短短3年之内，相邻几个县的人都纷纷涌入，该县的人口激增。要知道，中国古代人口多了，劳动力就多，这是评价一个官员政绩的重要标准。因为第五访的卓越政绩，他被朝廷提拔为甘肃张掖的太守。谁知上任后，就遇见了百年不遇的大旱。一连好几个月，滴雨未下，焦土千里，庄稼更是颗粒无收。这时，一些豪家大贾趁机囤积居奇，抬高粮价，民众无钱购买，怨声载道。人民忍饥挨饿，奄奄一息。

第五访看到民众生活在水深火热之中，心急如焚，寝食难安。为此，他当即决定开仓放粮，赈济灾民。我们知道，粮库开启是需要朝廷批准的，其他官员也都怕朝廷怪罪，因此迟迟不敢行动。他们打算先上报，然后再行动。可是，从甘肃到朝廷，路途遥远，若不果断采取行动，后果将不堪设想。因此，第五访果断地说："我身为一县之长，愿意以自身性命挽救民众。如若朝廷怪罪，那就我一人负责。"于是慨然打开粮仓，按照人口多少，赈灾放粮。

事后，第五访把灾情和开仓放粮的情况上报朝廷，皇帝知道后并没有怪罪，反而嘉奖了他。第二年，第五访率领百姓救灾建业，恢复生产，在风调雨顺的年景下，大获丰收，官民喜气洋洋，郡内一片太平。

《菜根谭》里说"宠辱不惊，看庭前花开花落；去留无意，望天上云卷云舒"，这样的心境也正是人们在现代社会中面临事物的大迁大动时所追求的。在现代社会中，我们应该到老子那里寻找智慧，体会他所提倡的那种宠辱不惊的心境，追求他在此种心境之上以身托天下的境界。当然，宠辱不惊并不是要求我们什么事都不关心，而是要能够在"宠辱"面前放开自己、放下自己，去思考、去实践、想得更远，从而使人生的境界更高。

观世间万事，既得之，则安之；既失之，亦安之。不患不得，亦不患得而复失。这是一种自然、旷达、超然的人生智慧。

# 不能置你于死地的，都令你更坚强

当我们身临浩瀚的大海，听着海的呼吸，感受海的气息，体会到大海那种与世无争的气度、平静深沉的力量和静默深邃的美感时，尤其是它那宽广博大，包容万物的情怀，会让我们发现自身的渺小与卑微。也许自然万物本身就可以给我们以智慧的启迪，教会我们生活的道理吧！

隋代的韦世康就是一位勤政爱民的官员。他出身于名门望族，在十几岁的时候就当了州县的主簿，20岁时就被任命为皇帝寝宫值班的警卫，还被封了汉安县公，地位十分尊崇。他才貌双全，因此被宇文泰看中，娶了宇文泰的女儿。在宇文泰称帝后，他成了名副其实的驸马爷。韦世康的卓越政治才能还体现在地方治理上。他在北周曾担任沔州、硖州刺史，后来北周灭了北齐为了安抚地方就让韦世康担任地方的总管，他圆满地完成了这项任务，深得官吏百姓的爱戴。北周末年，相州一带发生叛乱，绛州深受影响。当时的丞相杨坚就让他去驻守治理绛州。韦世康到任之后，当地的老百姓都愿意服从，安居乐业。这样操劳了几年之后，他打算退出官场了。

其实他本来就生性淡泊，不在乎官位升迁，加上朝局动荡，他也不免担心。可是，朝廷不答应他辞职，要求在绛州继续任职；绛州的政绩有目共睹，他就被提拔到朝廷做官。韦世康回朝之后，先后担任礼部、吏部的尚书，可以说是位高权重，但是韦世康为人很低调，生活上也是简朴无华，善于成人之美，别人做了好事就大力宣传，别人有过失时，也会妥善遮掩，更不会随便议论。在管理任免上，他总是提拔那些德才兼备的官员，深受大家赞许。

母亲去世之后，韦世康辞官回家守孝，但是隋文帝杨坚还没有等他守孝期满就让他上任。韦世康一推再推，杨坚也不答应，韦世康只得继续担任吏部尚书。过了几年，韦世康实在想退休了，在一次酒宴上他就正式向隋文帝提出辞官，可是隋文帝却说，你就是躺着，也要再替我干几年。当时天下共设四处总管，并州总管是汉王杨谅，益州总管是蜀王杨秀，扬州总管是晋王杨广，全是隋文帝杨坚的亲儿子，只有荆州总管，任命了异姓的韦世康。这在当时真是莫大的荣耀。

韦世康真正能够能有如此高位，也是因为他为人谦让、与世无争，不仅是老百姓都愿意服从他的管理，而且官员们对他景仰，还深得皇帝的信赖，这不能不令后人欣羡。

春秋时期的范蠡，出身贫寒，却是胸怀韬略，年轻时就学富五车，满腹经纶，但是不为权贵赏识，一直默默无名。当时在南方吴国与越国争霸，连年征战不休。一开始越王勾践打败吴王阖闾，阖闾死后其子夫差即位，为报父仇，在夫椒山将越王勾践打得落花流水，勾践仅剩五千兵卒逃回会稽山。范蠡在勾践穷途末路之际投奔越国，商议与吴王夫差议和之事。于是被拜为大夫，陪同勾践夫妇在吴国为奴三年，三年之后他与文种拟定了兴越伐吴之术，首先他跋山涉水求访到了德才兼备的女子西施，将之献给吴王，让吴王沉迷于酒色之中，不理政事。接着又辅佐勾践制定富国强兵的策略，二十余年间，苦心戮力，最后吴王夫差兵败身亡。范蠡成就了越王勾践的不朽霸业，被尊奉为上将军。

在欢庆之时，范蠡功成身退，传说与西施泛舟西湖，过上了隐姓埋名的生活。后来他来到了齐国，带领着儿子与门徒在海边结庐而居，辛勤耕作，并且还致力于经商，几年间就积累了数千万的家产。他仗义疏财，深受齐人赏识与敬重，齐王把他请进国都后，拜他为相国，主持国家政务，他慨叹道："我当官到了相国，治家能够有千金之多，对于一个白手起家的平民百姓来说，已经到了极点了。若是长久受这样的荣誉，怕不是好的兆头。"三年后再次向齐王提交了相印，散尽家财走了。

无官一身轻的范蠡又来到了山东定陶西北，这里是中原的交通地带，非常适合经商，于是范蠡就根据时节、气候、民俗风情治理产业，不到几年又成了大富之人，自号陶朱公。后代史学家称范蠡忠诚报国，智慧能够保全自己，经商能致富，天下闻名，确实是不凡之人。

相比较而言，与范蠡同事于越王勾践的大夫文种则没有这么好的下场了。就在越王勾践在吴国为奴期间，文种主持国政，他实行爱民之道，总结出了征伐的经验，并提出了讨伐吴国的九条策略。范蠡隐退后曾经给文种写了一封信，信中说："飞鸟尽，良弓藏；狡兔死，走狗烹。"范蠡的意思就是让文种快点辞官隐退。但是，文种并没有这样做，只是假装生病不入朝，有人就谗言说文种将要谋反，越王勾践就赐给文种宝剑说："你当初给我出了九条对付吴国的策略，我只用三条便打败了吴国，剩下六条在你那里，你用这六条去地下为寡人的先王去打败吴国的先王吧。"最终，文种被迫自杀。

后世以此为戒者不在少数，但是很多人贪恋高官厚禄并不能免于此，因此要做到功成身退也不是一件非常容易的事情。

与世无争的另一个奥秘就是能够认识到周围环境，从而避免别人来"争"，这样自己也就可以达到"与世无争"的境界。老子认为，人不应该片面强调与别人争强斗胜，而是在纷乱的事务中保护好自己，要不断地超越自己、提升自己，赢得别人的拥戴，把握住自己的方向，自然就能够达到自己的目标。可以说，"不争"是一种充满大智慧的做人与处世的哲学。

在我们的社会中，不是只有谦谦君子，而是什么样的人都有。有时候，你想与世无争，可是一些内心阴暗的小人却偏偏要欺侮你，你如果去和他争斗，最好的结果也不过是两败俱伤。这时候，一味躲避绝对不是对付小人的上策，和他争斗也没有好的结果。

争是不争，因为争斗中没有胜利者；不争是争，因为避免了争斗，也能够实现自己的目标，是最高明的"争"。

这就是老子告诉我们的道理："以其不争，故天下莫能与之争。"

笑看风云，历史上功成身退之人不胜枚举，但他们都有一个共性，就是能够看清时势。

秦汉时期的张良本出生于韩国的官僚家庭，家庭富裕，祖上担任高官。但是，秦始皇统一六国的时候，把韩国消灭了；国破家亡，张良报效国家的宏图大志也破灭了。于是，张良就拿出家财来收买刺客，以图刺杀秦始皇。他找到一位大力士，在秦始皇东巡的时候趁机伏击，可是120斤的大铁锤只打中副车。秦始皇大怒，下令全国通缉犯人，张良也只好隐姓埋名，流亡到江苏一带。后来他得到高人的指点，获得《太公兵法》，潜心研读。

秦末农民大起义时，他选择辅佐刘邦。刘邦与项羽约定兵分两路攻打咸阳的时候，约定先入关者为王时，张良建议立韩国公子韩成为王，让刘邦走南路，引兵南下，直趋霸上，秦朝灭亡。就在刘邦进入咸阳之后，看见秦宫富丽堂皇，财宝堆积如山，宫女如云，不禁飘飘然起来。可是张良力劝刘邦认清形势，宝货无所取，还军灞上，据隘固守，等待项羽。

在鸿门宴上，刘邦又听取了张良的建议，央求项伯给项羽带话，刘邦不敢背叛，据隘防守，是为了防范盗贼。驻军灞上，正是等他来处置。项羽手下范增打算让项庄舞剑趁机杀掉刘邦，张良让刘邦借口上厕所逃回灞上，转危为安。

鸿门宴后，项羽自立西楚霸王，并把刘邦封为汉王，居巴蜀之地。张良劝刘邦将计就计：前边往汉中走，后边烧掉从汉中通往关中的栈道，表明自己并无北上的心思。然后趁项羽不加提防的时候，"明修栈道，暗度陈仓"，挥师东进，经过三年多时间的"楚汉战争"，终于打败项羽，建立了汉家天下。

汉初，封赏功臣，刘邦评价张良是"运筹帷幄之中，决胜千里之外"，要封他为齐三万户侯，张良却一再推辞说："我不敢接受这样的封赏。我初见皇上是在留城，但愿封到留城就可以了。"于是，他被封为"留侯"。张良多病，就趁机提出了隐退的请求，从此就脱离了政界，学习道家修身之道。

对于张良这位实实在在的伟人，后世是普遍敬仰羡慕的。其舍财求士、博浪椎秦的勇气，显示着中国人抗暴的精神；其"运筹帷幄，决胜于千里之外"的思辨能力，是对后人学习智慧的一种启示；而其轻名位利禄、功成身退能保全名节，又是人们追求的一种操守。这些都是古代中国人修身养性力求完美人生的追求和境界。

在古代，"功成身退"是一种明哲保身的方法，只有智者可为。人生在世，竭尽所能报效社会是必要的，但成功的时候，危险也就来了；可能在论功的时候，就包含分配不公，或骄傲让人嫉恨，更有功高镇主等危险和矛盾潜伏着，要学会化解，更要学会韬光养晦，锋芒内敛。

有了功不居功，有了名不恃名，任何时候保持一颗平常心，是我们一生都须铭记的智慧。

# 得失随缘，心无增减

人生总是有得有失，得到了这个，失掉了那个，有的人很贪心，想要把一切都攥在手里，失掉了某一样都变得不开心，这样就是没有参透得失的本质。

我们在得失之间要有一颗平常心。塞翁失马的故事人们都听说过，在这个故事中塞翁失去了很多东西，但是唯一不变的就是他快乐的内心，他始终保持着一种平和的心态。

要以"得之我幸，失之我命"的坦然去乐观整个人生，拥有这样的心态自然能够保持快乐。

有一天，无德禅师正在院子里锄草，迎面走过来三位信徒，向他施礼，说："人们都说佛教能够解除人生的痛苦，但我们信佛多年，却并不觉得快乐，这是怎么回事儿呢？"无德禅师放下锄头，慈祥地看着他们说："想快乐并不难，首先要弄明白人为什么活着。"

甲说："我母亲今年八十多了，身体不好，我总是担心她离我而去。"

乙说："我要没日没夜地干活，才能够养活一家老小，我感觉很累，毫不快乐。"

丙说："我今年都快三十岁了，却连个功名都考不上，全家就指望我高中，可是屡屡失败。"

无德禅师停下了手里的活，听三个人诉说，无德禅师想了想，说道："难怪你们不快乐，因为你们总是在计较失去的东西啊，总是在意生活里不好的一面。"

无德禅师对甲说："你的母亲身体不好，你要好好照顾，可是你家上个月不是新添了一个女儿吗？这不让人高兴吗？"无德禅师转头对乙说："你每天工作很累，但是你有一份正经工作，在村子里首屈一指，跟家人享受天伦之乐，这不让人高兴吗？"无德禅师最后对丙说："村子里每一块匾都是你题的字，你读书最多，识遍天下，纵览古今，这不让人高兴吗？"

三人听后都恍然大悟，谢过禅师而去。

有一位哲人说过："世界上有两种人，他们的健康、财富以及生活上的各种享受大致相同，结果，一种人是快乐的，而另一种人却得不到快乐。"杭州灵隐寺中有一副对联，上联是"人生哪能多如意"，下联是"万事但求半称心"。失去了身外之物，再因此失去了好心情就太看不开了，可谓得不偿失。

人们总喜欢羡慕别人，却忽略了自己所拥有的。很多人总是渴望获得那些本不属于自己的东西，而对自己拥有的却不加以珍惜。其实，我们每个个体之所以存在于世界上，自有它存在的意义；每一个人都拥有自己的优点和长处，也有自己的缺点和短处。因此，安心做自己的人，才是智慧的人。

在人生的道路上，每个人都在不断地累积着令自己烦恼的东西，包括名誉、地位、财富、亲情、人际关系、健康、知识、事业等等。这些东西压得人们喘不过气来，使人们失去了原本应该享受的乐趣，增添许多无谓的烦恼。一旦失去其中一种便会大为在意，甚至恼火沮丧，要"想办法夺回来"。

其实人生就那么几十年，金钱地位等等的一切都不能一直陪伴我们，人死了之后也什么都带不走，若是焦虑沮丧、患得患失几十年，那就太不值得了。人生的本质应该是快乐，每天都快乐地活，不是一种最好的活法吗？何必要为了一些身外之物黯然神伤，焦虑不已。

有个富人叫白正，他感到每天都不快乐，听说在偏远的山村里有一位得道的高僧，他便把所有家产换成了一袋钻石，去找高僧。

他对高僧说："高僧！人们说你是无所不知的，请问在哪里可以买到全然的快乐的秘方呢？"

高僧说："我这里的快乐秘方价格很贵，你准备了多少钱，可以让我看看吗？"

白正把装满钻石的袋子拿给高僧，没有想到高僧连看也不看，一把抓住袋子，跳起来就跑掉了。

白正非常吃惊，四下又无人，只好自己追赶高僧，可是跑了很远也没有见到高僧的身影，他累得满头大汗，在树下痛哭。

正当白正哭得厉害之时，他突然发现被抢走的袋子就挂在枝丫上。他取下袋子，发现钻石还在。一瞬间，一股难以言喻的快乐充满他全身。

高僧从树后面走出来，说道："凡人不懂得得与失的平衡，自以为失要痛哭，得要欢喜，抛却了这种观念你才能真正快乐啊。"

白正叩谢禅师，回去之后开始劳动，每天过得都很快乐。

人生最大的障碍和不自在，就是受外界的牵制。对外在虚假的认同，破坏了我们心灵的统一。 绝对的本体是超越了时间、空间和因果律的范畴。 "众生由其不达一真法界，只认识一切法之相，故有分别执著之病。"

# 知足者方能常乐

贪婪是一种毒药，人的欲望永远没有止境。拥有了稳定的生活还要去追求安逸，拥有了安逸的生活还要去追求奢侈的物质享受。只要你的欲望没有尽头，就永远不会快乐。人生哲理，知足者常乐。珍惜现在所拥有的，你会发现，你是世上最富有的人。

有一个从事房地产工作的年轻人，经过自己几年的打拼，在本地已小有名气了。他每天的生活就像上足劲的发条一样，被传真、资料、甲方以及各种方案充塞得满满的。

一天，他加班到很晚。从公司出来后，走了很远的路也没有叫到车。走得热了，他停下来，解开领带，仰头出了口气。这时，他吃惊地看见星星在丝绒般的夜幕中闪烁着，洋溢着一种无言的美丽。一如他大学毕业前的最后一晚，几个要好的同学躺在学校图书馆前的草坪上看到的那样。那一晚，他们被血脉中扩张的青春深深激动着，广袤的星空与未来的前途一片光明。

从那以后，他几乎再也没有时间去注视过夜晚的星空了。因为从他走入社会，就一直保持着弯腰向前奔跑的姿势。太忙了，欲望总在膨胀，目标总在前方，于是他不停地向前奔跑着……

每个夜晚的这个时刻，他多半在应酬或是在做楼盘计划和方案，他从没有想过哪怕透过一扇小窗，去望望宁静的夜空，倾听心灵细小的声音。

今天，当自己站在这静谧的星空下，他突然想起以前在大学看过一位日本餐饮业巨头总结的成功之道：在其连锁店中能提供给顾客的，永远是17厘米厚的汉堡与4℃的可乐。据他的研究人员研究发现，这是令客人感觉最佳的口感。当然，你也可以选择把汉堡做成20厘米厚，把可乐加热到10℃，但它们并不意味着最佳口感。

对于幸福，其实也只要17厘米和4℃就够了。幸福，它是一路上持续发生的，就如深夜静谧而美丽的星空所带给人的震撼，而非那个令人疲惫的终极雪球。

幸福到底是什么？许多人都在问，其实得到幸福很简单。听一听自己内心的声音，扔掉那些对自己来说十分奢侈的梦想和追求，那么，你就被幸福包围了。

有位著名的心理学家说："一个人体会幸福的感觉不仅与现实有关，还与自己的期望值紧密相连。如果期望值大于现实值，人们就会失望；反之，就会高兴。"的确，在同样的现实面前，由于期望值不一样，你的心情、体会就会产生差异。

一只老猫见到一只小猫在追逐自己的尾巴，便问道："你为什么要追自己的尾巴呢？"小猫回答说："我听说，对于一只猫来说，最为美好的便是幸福，而这个幸福就是我的尾巴。所以，我正在追逐它，一旦我捉住了我的尾巴，便得到幸福。"

老猫说："我的孩子，我也曾考虑过宇宙间的各种问题，我也曾认为幸福就是我的尾巴。但是，我现在已经发现，每当我追逐自己的尾巴时，它总是一躲再躲，而当我着手做自己的事情时，它却形影不离地追随着我。"

同样道理，在现实生活中，人们总是喜欢拼命地追求、索取，以为这样便可以得到幸福，殊不知，当你费尽心机地实现了这个目标，消除了一个烦恼，很快你又会有新的没有实现的目标，你又会烦恼。如此反复，永无尽头。事实上，人们追求的东西往往是自己并不需要的。

有时候，我们认为我们需要某些东西，千辛万苦地终于得到了，却发现这件东西并不能给我们的生活带来轻松和愉快，相反却给我们带来更多负担，让我身心疲惫。与其为其所累，还不如痛下决心，果断摆脱它。

即使拥有整个世界，一天也只能吃有限的食物，一次也只能睡一张床。世界上美好的东西实在数不过来，我们总是希望得到尽可能多的东西。其实得到太多，反而会成为负担。还有什么比拥有淡泊的心胸，更能让自己充实满足的呢？欲望越小，人生就越幸福。

有位中年人觉得自己的日子过得非常沉重，生活压力太大，想寻求解脱的方法，因此去向一位禅师求教。

禅师给他一个篓子，要他背在肩上，指着前方一条坎坷的石路说："当你向前走一步，就弯下腰来，捡一颗石子放到篓子里，然后看看会有什么感受。"

中年人照着禅师的指示去做，等他背上篓子装满石头后，禅师问他："你一路走来有什么感受？"

中年人回答说："感到越走越沉重。"

禅师说："每一个人来到这个世上时，都背负着一个空篓子。我们每往前走一步，就会从这个世界上捡一样东西放进去，因此才会有越来越累的感慨。"

中年人又问："有什么方法可以减轻负重呢？"

禅师反问他："你是否愿意将名声、财富、虚荣、权力等拿出来舍弃呢？"

那人答不出来。

禅师又说："每个人的篓子里所装的，都是自己从这个世上寻来的东西，但是你拾得太多，如果不能放掉一些，你的生命将承受不起，现在知道应丢下什么和留下什么了吗？"

中年人反问禅师："这一路上，您又丢下了什么？留下了什么呢？"

禅师大笑："丢下身外之物，留下心灵之物。"

人在世上，无时无刻不受到来自外界的诱惑，一旦有了功名，就会对功名放不下；有了金钱，就会对金钱放不下；有了爱情，就会对爱情放不下；有了事业，就会对事业放不下……当得到的东西太多了，超过生命的承载力，多余的东西就成为人生的负担。

当你放下一些多余的，不需要的东西的时候，就如脱钩的鱼，出岫的云，忘机的鸟，心无挂碍，来去自如，表里澄澈。"风来疏竹，风过而竹不留声；雁渡寒潭，雁去而潭不留影"，你会发现生命竟可以如此充实、如此美好，日日是好日，步步起清风。放下，是一种境界，更是一种精神，但也需要勇气和智慧。

有一天，老和尚带小和尚下山，在经过一条大河时，他们碰到了一位姑娘，她好像因河水湍急而不敢过河。小和尚见状，低下头合掌念"南无阿弥陀佛"，而老和尚则背姑娘蹚过了河，然后放下姑娘，继续赶路。

小和尚满脸疑惑，一路嘀咕着，走了许久，他终于忍不住问："师父，你犯戒了！我们不是不能近女色吗？"老和尚听了叹道："我都已经放下了，你怎么还没'放下'呢！"

其实，在现实中有很多人像小和尚一样，既拿不起也放不下，也或者是不懂得该如何拿起，又该如何放下。"拿得起"要求我们有足够的实力，在机遇到来时能够成功应付，"放得下"则要求我们在面临困难时，不气馁堕落，甘于一时的平庸，能屈能伸彰显豪迈，就像老和尚一样。

是的，人总要拿得起，放得下。生命的过程，就是一个不断拿起和放下的过程，每个人都需要拿起一些东西，放下一些东西，拿起也许仅仅需要一些蛮力或一股激情，但放下却有太多的不甘、不舍、无助和无奈。其实每个人心里都知道自己真正应该拿起什么，应该放下什么，可偏偏很多人在拿起和放下之间徘徊不前，犹豫不决，战战兢兢，如履薄冰，最终既没有拿起该拿的，也没有放下该放的。

拿得起是一种令人敬佩的勇气，而放得下则是一种难能可贵的超脱；拿得起是博大精深的智慧，放得下是意味深远的哲学；拿得起是一种挑战，放得下则是一种安慰。

为什么有些人活得轻松自如？有些人前进的脚步越来越沉重？因为前者懂得放下，他知道什么才是自己最需要的，而后者得到一样东西便死死抓住，绝不罢手，肩上的包袱越来越多，脚步自然会越来越沉。能成大事者懂得如何放弃，只有学会放弃，才能轻装上阵，摆脱无畏的纠缠。更重要的是，放弃可以让一个人变得胸襟开阔，从而赢得众人的尊重和信任。不过在实际行动中，"拿得起"很容易，"放得下"就难了。

"拿得起，放得下"是生活的真谛，"拿得起"是一种选择，"放得下"则是一种更高境界的选择，很多人终其一生都无法参悟其中的道理。事实也证明，成功总是青睐那些懂得适时放弃的人。

## 链接：你的虚荣心有多强

每个人都有虚荣心，但是虚荣心也是有度的。下面就来测试一下你的虚荣度吧！

**测试开始：**

1.上公交车掉了10元钱，你会下车去捡回来。

是————>5题　否————>2题

2.在外面吃饭常常剩下很多。

是————>3题　否————>7题

3.买礼物送人时，你不会挑实质性的，会挑好看的。

是————>4题　否————>7题

4.不管是衣服还是小东西，你都会挑名牌的买。

是————>8题　否————>11题

5.笑的时候喜欢张大嘴笑。

是————>6题　否————>7题

6.朋友如果没有事先告知而突然来访，你会很生气。

是————>7题　否————>9题

7.买不起的东西，就算是分期付款也要买。

是 ————>4题　否————>8题

8.多次因受不了店员推荐而买下商品，回家后却后悔。

是————>11题　否————>9题

9.爱算命，但是不喜欢在算命的地方被朋友看见。

是————>11题　否————>13题

10.身上只带了3000元，朋友找你借5000元时，你会说忘记带钱包而不是钱不够。

是——>15题　否——>13题

11.参加宴会时，你发现别人穿的衣服比你的还时髦时，你会早早回家。

是——>15题　否——>10题

12.对于第一次见面的人，你会对他（她）的学历和职位产生好奇。

是——>16题　否——>15题

13.很少出国旅行，一旦出国必定住一流的宾馆。

是——>B型　否——>A型

14.你非常向往金童玉女且舒适而又多金的婚姻。

是——>C型　否——>B型

15.你很在意别人的眼光和评语。

是——>16题　否——>14题

16.买东西时，即使是小钱，你也会叫店主找。

是——>D型　否——>C型


**结果分析：**

A—虚荣强度10%

不管周遭现在流行什么，你都不太在意，你甚至觉得那些人比来比去是件很无聊的事。你认为自己的心情最重要，没有必要去管别人怎么想。你相当有自信，似乎没什么能打动或干扰你的心情。但要小心太过于冷漠，会让爱你的人着急。

B—虚荣强度40%

你是一个虚荣心不怎么强的人，但你偶尔也会去买一些昂贵的东西。当然，那必须在你的经济许可范围之内，你认为有必要才会去买它。不过，有时候也是为了不想扫对方的兴，才会去迎合别人、配合别人，做一些令自己不开心的事情。建议你去找一些和自己趣味相投的人。

C—虚荣强度70%

你除了虚荣心强，自尊心也很强。你是一个不愿意认输的人。你非常在意周围的人怎么看你，因此总是装着一副光鲜亮丽、幸福满足的样子。其实，你可以做一个朴素点、真实点的人，你只是被好强的心理造成了偏执的个性。有时不妨放松一点，做你自己才是最明智的人生选择。

D—虚荣强度90%

你是个爱慕虚荣的人，你的谈吐行为无一不清楚表现出虚荣的气息。也许你自己不觉得，但你常常为了夸耀自己而把自己捧得高高在上，不惜说出一大堆谎言来欺骗别人。

# 九

## 保持傻瓜式的坚持，自控力是训练出来的

一百个想法不如一个有期限的决定，调整好自我状态，管住那些最容易被忽视的习惯动作，打一场提升自控力的持久战，保持傻瓜式的坚持，直到跨过临界点。

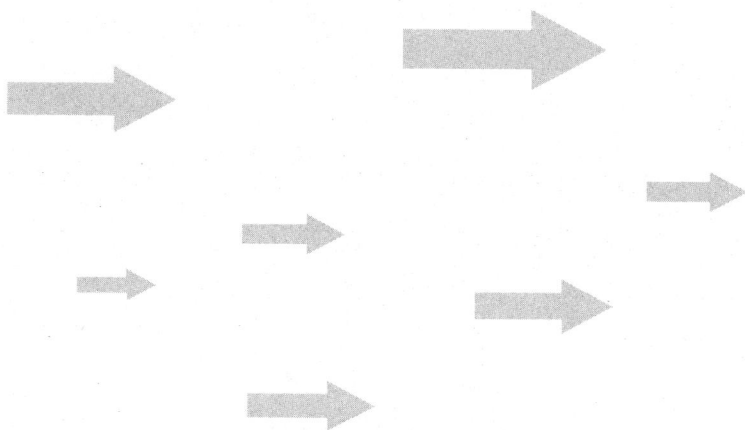

# 如何管好自己的习惯

从某种意义上说，"习惯是人生最大的指导"。因为很多时候，一个小小的坏习惯就能让我们饱尝苦果。所以，要培养自律的意识就要管好自己的习惯。

美国石油大亨保罗·盖蒂曾经是个大烟鬼，烟抽得很凶。

在一次度假中，他开车经过法国，天降大雨，他在一个小城的旅馆停了下来。吃过晚饭，疲惫的他很快就进入了梦乡。

清晨两点钟，盖蒂醒来了，他想抽一根烟。打开灯后，他很自然地伸手去抓桌上的烟盒，不料里面却是空的。他下了床，搜寻衣服口袋却一无所获，他又搜索行李，希望能发现他无意中留下的一包烟，结果又失望了。这时候，旅馆的餐厅、酒吧早已关门，他唯一可以获得香烟的办法是穿上衣服走出去，到几条街外的火车站去买，因为他的汽车停在距旅馆有一段距离的车房里。

越是没有烟抽，想抽的欲望就越大，有烟瘾的人大概都有这种体验，于是盖蒂脱下睡衣，穿好了出门的衣服，在伸手去拿雨衣的时候，他突然停住了，他问自己：我这是在干什么？

盖蒂站在那里寻思：一个所谓有修养的人，而且相当成功的商人，一个自以为有足够理智对别人下命令的人，竟要在三更半夜离开旅馆，冒着大雨走过几条街，仅仅是为了得到一支烟。这是一个什么样的习惯，这个习惯的力量竟如此惊人地强大。

没过多久，盖蒂下定决心，把那个空烟盒揉成一团扔进了纸篓，脱下衣服，换上睡衣回到了床上，带着一种解脱甚至是胜利的感觉，几分钟就进入了梦乡。

从此以后，保罗·盖蒂再也没有抽过香烟，后来，他的事业越做越大，成为世界顶级富豪之一。

保罗·盖蒂坚持戒掉烟瘾，是因为他意识到了习惯的巨大力量。一位理智、成功的商人居然会为一支香烟而六神无主，如果是在休闲时间这倒没什么影响，但如果是在谈一笔大买卖，这个习惯则会影响他的判断，进而影响整笔生意的完成。一个人要是沉溺于坏习惯之中，就会不知不觉把自己毁掉。

成功的富豪们大多都有一个好的生活习惯，那就是崇尚节俭、爱惜钱财。譬如美国连锁商店大王克里奇，他将商店开到了世界各地，他的资产数以亿计，但他的午餐从来都是1美元左右的标准。美国克德石油公司老板波尔·克德也是一位以节俭出名的大富豪。一天，他去参观狗展，在购票的地方看到一块牌子写着这样一句话："5点以后入场以半价收费。"之后，他看到手表上显示的时间是4点40分，于是就在入口处等了20分钟才购半价票入场，节省下0.25美元。要知道，克德公司每年的收支超过数亿美元，他之所以节省0.25美元，完全是受节俭习惯和自律精神所支配。当然，也正因为他节俭，才让他成了一位富豪。

只有对钱财有爱惜之情，它才会聚集到你的身边，你越尊重它、珍惜它，它越会心甘情愿地跑进你的口袋。自律的理财习惯不仅是一种习惯，更是一种精神，它让你拥有成为富翁的潜力。

对金钱不但要爱惜，还要学会保护。除了想获取钱财，还要想方设法保护已有的钱财，用现代的流行语说就是要"开源节流"。犹太富商亚凯德曾经说："犹太人普遍遵守的发财原则就是不会让自己的支出超过自己的收入。如果支出超过自己的收入，那便是很不正常的现象，也就根本谈不上发财致富了。"

要自律，就要养成勤俭节约的好习惯，你会发现每节约一点儿，结果就大不一样。如果你养成了节俭的习惯，那么就意味着你具有控制自己欲望的能力，意味着你已开始主宰你自己，意味着你正培养一些最重要的个人品质，即自力更生、独立自主以及聪明的机智和创造能力。换句话说，就意味着你有了追求，你将会是一个卓有成就的人。

孙晓龙从小家庭优越，每天都是一副不知天高地厚的样子，更没有丝毫理财的观念。

参加工作之后，孙晓龙脱离了父母的掌控，花起钱来就更加肆无忌惮了，他觉得，钱都是自己赚的，每个月花光是理所应当的。只要是他喜欢的东西，不管多贵，他都会买回家。他出手极为大方，尤其是为女朋友埋单的时候从来没有皱过一下眉头，这样做让他感觉很潇洒自在。结婚后，他们夫妻二人依然过着无忧无虑的生活，一个人"月光"偶尔会感到"孤单"，夫妻二人一起"月光"，就会让人感觉到理所应当了。

有一天，夫妻二人回到家中，母亲问他们的小日子过得怎么样，现在存了多少钱。

孙晓龙高兴地回答："我现在想买什么就买什么，从来都没有节制，也没有计划，现在手上没有存钱，但是我感觉很充实。"

母亲感觉很头疼："凡事预则立，不预则废。如果你现在不存钱，将来一定会后悔的。现在你们要对经济作一个规划，多存钱，这样生活才会过得从容淡定。"

母亲的一席话彻底浇醒了孙晓龙。孙晓龙仔细想想，自己今后的道路还很漫长，充满了很多不确定的变数，自己真的应该好好规划一下了，免得今后钱到用时方恨少。在母亲的帮助下，孙晓龙制订了一个存钱计划，为他今后的开源节流打下了坚实的基础。

现代社会是一个不断变化的社会，如果你想要一劳永逸地度过一生，显然是不太可能的。当外界不断变化的时候，就需要你不断随之变化，以达到与之相适应的目的。就像一句话所说的一样，改变能改变的，接受所能改变的。现代社会就是一个理财的社会，如果你不去理财，那么留给你的将会是坐吃山空的惨痛结局。

很多人认为，理财是富人的事情，自己是工薪阶层，根本没有资格去谈论理财这件事。如果这样想，你就大错特错了。世界上，不管多么富有的人，他们的钱也是一分一分赚出来的。如果你每月拿出500元进行投资，假设你的年投资回报率是10%，那么30年后你就是一个不折不扣的百万富翁了。理财一小步，人生一大步。如果你不去理财，你就算赚得再多也成不了富人。

要自律，就要学会理财，要理好财，不可或缺的就是自律，也最能体现自律的能力。

不管你赚多少钱，都不要有抱怨的心理，但是理财之心一定要有。也许你现在赚得不多，觉得理财是一件可有可无的事情，但是别忘了，勺水渐聚成沧海，分秒累积成整天。如果你拥有这样的自律心态，理财就再也不会成为一件难事了。

# 如何管好自己的目标

人活在这个世界上总会受到各种事物的影响，外在环境也永远在变化，如果没有树立坚定而且明确的目标，就难以拥有自律能力，容易接受一些消极的影响，最终沦为失败者。相反，那些拥有明确目标的人则不会轻易被改变，所以他们显得更加执著、更有意志，也更容易成功。

弗罗伦斯·查德威克是世界著名的女性游泳健将，也是世界上第一位成功横渡英吉利海峡的女性。

1952年7月4日清晨，当时已经34岁的查德威克从卡塔林纳岛上出发，试图穿越茫茫的太平洋，到达21英里之外的美国加利福尼亚海岸。如果成功，她将创造另一项世界纪录。

那天早上，大雾弥漫，她几乎看不到护送她的随从船队和人员。冰冷的海水冻得她浑身发麻，她咬紧牙关坚持着，时间一小时一小时地过去，成千上万的观众在电视前看着她，为她呐喊加油。

大约过了15小时，她感到疲惫不堪，又冷又累，快要坚持不住了，于是，她呼喊着让人拉她上船。这时，她的母亲在船上告诉她，现在离加利福尼亚海岸已经很近了，千万不要放弃。可是，她朝前面望去，除了浓雾还是浓雾。她又坚持游了半个多小时，在总共游了15个小时55分钟之后，她筋疲力尽，随从的保护人员终于把她拉上了船。

浓雾散去之后，她才知道，自己上船的地方离海岸仅有半英里的距离。

这是她长距离游泳生涯中唯一的一次失败。事后她对采访的记者说："说实在的，我不是为自己找借口，如果当时我能看见陆地，也许我能坚持下来。"

两个月之后，她成功地游过了这一曾经挑战失败的海域。

人若没有目标，就失去了斗志，更失去了约束自我的自律能力，最后终将走向失败。

你如果给自己树立了一个坚定而且明确的目标，不论它是大还是小，容易或者困难，你都会把自己生命中分散的力量集中到这个目标上，所以更容易在某个领域获得成功。

　　哈佛大学做了这样一个关于目标对人生影响的跟踪调查，对象是一群智商、情商、学历、环境等条件差不多的年轻人。调查结果发现，27%的人没有目标，60%的人目标模糊，10%的人有着清晰但比较短期的目标，3%的人有着清晰且长期的目标。

　　25年的研究结果表明：那些3%的有着清晰且长期的目标的人，25年来几乎都不曾更改过自己的人生目标，25年来他们都朝着同一个方向不懈地努力，25年后，他们几乎都成了社会各界的顶尖成功人士，他们中多是行业领袖、社会精英。那些10%的有着清晰短期目标的人，大都生活在社会的中上层，他们的共同特点是，那些短期目标不断被达成，生活状态稳步上升，成为各行各业不可缺少的专业人士，如医生、律师、工程师等。其中60%的模糊目标者几乎都生活在社会的中下层面，他们能安稳地生活和工作，但都没有做出什么特别的成绩，剩下的27%是那些25年来都没有目标的人群，他们几乎都生活在社会的最底层。他们遭遇了失业的境遇，靠社会救济，并且常常抱怨他人、抱怨社会、抱怨世界。

　　哈佛大学的这个调查用事实证明了一个真理——没有目标的人生，最终会被命运抛弃。

　　人若想有大成就，就必须有目标并专注于自己的目标。

　　目标确立之后，还需要制定一个切实可行的计划，然后再付诸行动，目标才能实现。

　　1984年的东京国际马拉松邀请赛中，日本人山田本一出人意料地获得了冠军。在记者招待会上，他说出了自己赢得比赛的秘诀。原来，山田本一将马拉松全程分为好几段，站在起点上时，他心里并不去想那漫长的数十公里路程该怎么坚持下去，而是只想着眼前这一段不到1000米的距离该如何跑完，这样一来，心理压力就降到了最低，发挥得也更出色了，最后终于赢得冠军。这就是分阶段实现目标的好处。

其实，每一个人的成功都是他实现自己的人生目标（包括小目标或大目标、短期目标或长期目标）的全过程。要知道，无论多么恢宏的理想，也是一个个小目标的合集。就像打仗一样，不管你的战略构想有多么宏大，都要先去计划好一城一池的得失。每个人在为理想奋斗的过程中要实现目标，就必须制订实现目标的计划。

没有计划的目标是空中楼阁，一个人必须以目标为中心，制订自己的"个人成功计划"，否则，假如你给自己制定的目标很遥远，你将会被自己的目标吓倒，这会极大地影响你在实践目标过程中的自律能力。

如果我们想取得一定的成功，我们要做的第一件事就是必须建立一个坚定而且明确的目标。为了实现目标、实现自律，我们可以把远大的目标分解为若干个小目标，然后再依次渐进去实现它们。这样一来，每次实现一个小目标，内心就有一种成就感，自信心就会大增，这种成就感会进一步增强我们的自律能力。只要一步步走下去，最终会实现那个遥不可及的"大目标"。如果你想要提高你的英语水平，你就不能告诉自己说："我要提升我的英语水平。"你应该说："我现在的英语水平是4级，我要在一年之内把英语水平提升到6级。"这就是明确的目标。只有拥有强烈的动机，你才能够克服一切困难，直到成功。一旦你的愿望开始燃烧起来，你将表现出比任何人都坚强的忍耐力。

在有了目标之后，你应该给自己制订一个计划。我们经常会听到："计划不如变化快。"但你要明白"没有计划，你就是在计划失败！"虽然计划容易发生变化，但不能因为变化而不去做计划。就是因为计划常常变化，所以我们更需要明确的、具体的、周详的计划。

所以，当目标看起来遥不可及的时候，我们不妨将奋斗目标长短结合，让自己不断体会成功的喜悦，保持那份进取之心。例如，一份需要5年才能实现的梦想，我们可以于每一年给自己设定一个标准，一旦实现这一目标，就可以对自己犒劳一番，体会成功的快乐。给自己树立新的目标，就会有新的方向、新的动力，这样自然能保持高涨的工作热情。

但是你也要明白，如果你树立多个目标，你指引的这种力量将被分散，每个目标都会平等地获得这种力量的一小部分，从而使作用变小，甚至根本不会产生任何作用。你是否有一个伟大的最终目标要去完成？而且在完成这个最终目标的过程中你必须先完成一些较小的目标？那么让这些较小的目标静止不动，选择最近的或是第一个目标，在其中运用你的力量，一旦你完成了第一个目标，再继续完成第二个，如此继续。

对于一件事情，你可以制订几个计划方案，当第一个计划发生变化时，你要马上修正你的计划，或者直接启用第二套方案继续你的计划。在制订和实施明确而周详的计划的过程中，你必须集中注意力去解决问题。

# 如何管好自己的情绪

情绪可以成事，也可以败事。做一个自律的人，就要懂得如何控制自己的情绪，做一个乐天达观的人，只有征服了自己的情绪，才有可能征服一切。

米开朗琪罗曾说："被约束的才是美的。"对于情绪来说也是如此。一个人的情绪如果不能得到有效的调控，如果遇到喜事的时候就喜极而泣，遇到悲伤的事情时就一蹶不振，那么人就有可能成为情绪的奴隶，成为情绪的牺牲品。相反，如果能征服自己的情绪，就能做好本可以做好的事情。

当然，情绪有很多种，如希望、信心、乐观、悲哀、愤怒、失望、嫉妒、仇恨，等等，其具体的体现就是我们的心情。

可以试想一下，如果你一会儿心情忧郁，情绪一落千丈；一会儿又怒火冲天，使你的朋友们对你敬而远之；一会儿又情绪高昂、手舞足蹈，谁还愿意与这样情绪不定的人交往合作？而且，情绪不稳定的人对于自己确立的目标也常常不能坚持到底，做事容易情绪化、朝三暮四，高兴了就做，不高兴就扔在一边，丝毫没有计划性和韧性，这样的人能成功吗？

因此，一个人成功的最大障碍不是来自外界，而是自身。除了力所不能及的事情做不好之外，自身能做的事不做或做不好就是自身的问题，是自制力的问题。只有成功地控制了自己的情绪，才能够走向成功。

巴顿是一个军事天才，传奇人物。然而，他那两次冲动的"打耳光"事件却让他臭名远扬，还让他辛辛苦苦赢得的美名烟消云散。

第一次事件发生在意大利。1943年8月，炎热的午后，跟往常一样，巴顿来到西西里的后方医院看望伤员。一个帐篷里住着10~15名的伤员，他跟战士们聊着，前五六个都是打仗时挂了彩。巴顿问候了他们的伤势，对他们的英勇表现给予了夸奖，并祝他们早日康复。

接着，巴顿走到一个发高烧的伤员前，没说什么就过去了。下一个伤员蜷缩在地上，浑身发抖，巴顿问他怎么回事，他说"是神经问题"，然后就哭了起来。原来，这位伤员患上了名叫"弹震神经症"的战场疲劳症。

巴顿喊道："你说什么？"士兵答道："是我的神经问题，我再也受不了炮弹的声音了。"他还在哭。

巴顿大声喊道："你的神经问题？你是个懦夫！你这个胆小的兔崽子！"他给了士兵一记耳光，说，"闭上你的嘴，别他妈哭了。我不会让其他受伤的勇敢士兵坐在这里看你这个胆小鬼哭鼻子！"他又踹了士兵一脚，把他踹到另一个帐篷里，致使他的头盔衬垫都掉了。然后，他扭头对伤员接收官吼道："不要收留这个胆小鬼，他一点儿事都没有，我可不允许医院里都是些没胆打仗的人！"

然后，巴顿又转向那个士兵，士兵正在大家的注视下哆哆嗦嗦地挣扎着站起来，巴顿对他说："你给我滚回前线去，你可能会吃枪子儿、被打死，但你还是要去打仗。你要是不去，我就派人把你按到墙上，找行刑队把你毙了！"他又说，"说真的，我应该亲手把你毙了，你这个哭哭啼啼的懦夫！"边说边把手伸进枪套。走出帐篷时，他还一路上对伤员接收官喊道："把那个胆小鬼给我送到前线去！"

第二次与第一次的情况差不多。一个士兵向他诉苦说得了"弹震神经症"，他用手套扇了士兵一耳光，骂道："我不要那些勇敢的孩子们看到你娇生惯养！"

因为不擅自制、感情用事，巴顿的工作就这样受到影响，别人也不那么尊敬他了。

假如你发现自己被某种突然爆发的感情、疯狂或愤怒所控制，那就默默地在心底克制它，至少在你觉得这种情绪尚未消除之前不要讲话。尽可能地保持面色平和、神情自然、注意力集中，如此能帮助你养成处事冷静的习惯。只要你小心谨慎地掩饰你内心的愤怒，那么你就会成为最终的胜利者。

与人交往之关键在于控制自己的感情，保持头脑冷静、自律自省，做到喜怒不形于色，这样人们就无法从我们的言语、行为甚至脸部表情中窥测到我们内心的真实想法。

如果遇到问题就感情用事，开始发怒、生气，不仅于事无补，反倒会让你的处境越来越糟。想办法去解决摆在面前的问题，克制一时的冲动、谨言慎行，学会冷静地思考、理性地判断，才是真正有用的。

然而，有些人根本没法控制自己的感情，他们一遇到不愉快的事情就怒气冲天，或者一听到高兴的事情就笑逐颜开。如果他们能多关心别人，经常反思自我、自律自警，那么一切都会变得更好。这种人可能更习惯让理智控制自己的心情，而不是像大多数人那样让心情控制了理智。

所以，能够理性思考的人才是真正明智的人，而感情用事则是犯错误的开始。

一位作家被邀请去一所大学做演讲比赛的评委。参赛选手经过抽签确定了演讲的顺序和主题之后，第一位选手表情很不满地走上台去。"同学们，尊敬的评委们，这是一场不公平的比赛！我领到这张纸以后，只有几分钟时间做准备，在我之后的人有更充裕的时间做准备，这是不公平的！"

在众人一片惊讶的表情下，他走下讲台，冲出了大厅。这个学生的离开并没有给比赛造成任何影响，比赛顺利进行，有人在比赛中获得了荣誉，有人则锻炼了自己。

过了几天之后，这位作家偶然遇到了那个生气离开的男孩，就对他说："你因为不公平而生气、而离开，可是你有没有想过，只要自己争气，那么即便是不公平，你也能获得成功？"

男孩听了作家的话之后非常惭愧，但是他也从中领悟到了做人的道理。

生活中，我们总是会遇到一些比较困难或者自己不愿意做的事。当这些事情无可避免地发生在自己身上的时候，生气又有什么用呢？只有给自己争气才能摆脱困境、走向辉煌。

有一个年轻人经常因得不到领导的赏识而生气抱怨。一天，他去拜访恩师，并向其道出了自己的烦恼。恩师听后，就领着这个年轻人到了海边，他弯腰捡起一块鹅卵石抛了出去，扔到了一堆鹅卵石里，并问道："你能把我刚才扔出去的鹅卵石捡回来吗？""我不能。"年轻人回答。"那如果我扔下一粒珍珠呢？"恩师再问，并别有深意地望着年轻人。年轻人顿时恍然大悟：一味地生气抱怨只是徒劳，唯有争气，凭借实力迅速脱颖而出，才是明智的做法。

如果你只是一块平常无奇的鹅卵石，就没有生气与抱怨的权利，因为你自身还没有被注意的闪光点。此时就需要争气，不断提升自身的实力，最终成为一粒耀眼的珍珠。到那时，你说话才能理直气壮、掷地有声，最终得到别人的认可与尊重。

要争气，就得先要有志气。立志向上、立志做人、立志争气。立志就是争气的原动力。要想自己不生气，就必须要争气；我们要想争气，就必得先要立志。人有志气，又何患无成呢？

所谓争气，就是不因一时的失败而泄气，要能力图上进；不因一时的挫折而丧气，要能奋发图强；不因一时的贫苦而壮士气短，应该鼓舞精神，更加争气。当一个人受到挫折与委屈时，只有自己努力争气，能以心愿为动能，能够化悲愤为力量，才有前途与未来。

在日常生活中，我们难免会遇到愤怒和悲伤的事情，这个时候，要做的不是自暴自弃、忧伤难过、愤怒发火，而是要学会运用理智和自制来控制情绪，一定要学会自我调节，千万不能任由负面情绪蔓延。

例如，当我们内心焦躁的时候，要试着理智地分析原因、恢复自信，让自己振奋起来。

当我们感到抑郁的时候，不要把自己封闭起来，要试着通过交谈、运动、听音乐、看书等方式来缓冲内心的压抑，让自己慢慢得到解脱。

当我们嫉妒的时候，让自己变得宽容一点儿，试着去看到别人身上的优点，学会欣赏和给予真诚的赞美，不要把时间和精力用在议论别人身上。

当我们疲惫的时候，去散散步、唱首歌，消除一下心中的烦恼，清理一下烦乱的情绪，唤起自己对美好生活的憧憬，体会活着的幸福。

人是一种情绪动物，只要与人打交道就自然会有各种负面情绪滋生，但假如任由恶劣情绪控制自己，人生将变得毫无乐趣。被愤怒控制，会因冲动铸成大错；被烦躁控制，会坐立不安、一事无成；被忧伤控制，会日渐消沉，看不到生活的希望。

如果你能够恰当地掌握好情绪，那么将在别人心目中留下"沉稳、可信赖"的形象，你的人生也必定会因此而受益匪浅。

总之，驾驭好自己的情绪、增强自控能力是取得成功的一个重要因素，也是人生走向成功的重要法则之一。

# 如何学会自律自省

自省，不仅能够让人认清自己，还能够让自己理解他人。只有通过自省，才能从道德意义上约束自己，从而改正自己。

春秋时期，宋国一度内政不修，引起动乱。当时的国君宋昭公众叛亲离，被迫出逃。

在路上，宋昭公进行了深刻反思，他对车夫说："我知道这次被迫逃出的原因了。"车夫问："是什么呢？"昭公说："以前，无论我穿什么衣裳，侍从都说我漂亮；无论我有什么过失，大臣都说我英明。这样，从内外两方面我都发现不了自己的过失，最终落得如此下场。"

从此，宋昭公改弦易辙，注重品德修养，不到两年，美名传回宋国。宋人又将他迎回国内，让他重登王位。他死后，谥为"昭"，就含有称赞他知过必改的意思。

这就是自省的作用，它能让人不断地进步。人类的眼睛演化的结果是只能朝外看，看得见别人身上的瑕疵，却看不到自己身上的斑点。为了看见自己，人类发明了镜子，但镜子只能照出人的外貌，却看不见人的内心。要想看见更真实的自己，我们就要利用一面能照出内在自我的魔镜——自省。

自省，顾名思义，即自我省悟、自我检查、自我解剖，是指对一个人自身思想、情绪、动机与行为的检查。通过经常的、冷静的回顾自己的思想和行为，寻找自己的缺点和错误，这是只有人类才能办到的事。

自省是一面镜子，可以照出自身的缺陷和毛病，自省的过程又是不断改正错误、更新提高自我的过程，正所谓"吾日三省吾身"。

其实我们每个人都需要一面"镜子"，以便更好地了解自己，有时，这面"镜子"是自己身边的人，在他们的帮助下，我们可以发现自己的优点和缺点，从而使我们查漏补缺获得成长。但我们不能总是依赖别人帮助自己找缺点，因此，我们需要学会把自己以往的经验通过阅读、观察生活中其他人的行为作为"镜子"，经常对照自己，发现自身的不足，并使自己严格按照正确的道德规范去做事为人，这就是我们常说的"自律自省"。而在自律自省后规范自己的一言一行，使自己不致重新再犯同样的错误，就需要我们慎言慎行。

自省是每个人成长的一个重要途径，否则我们就只能总是原地踏步，永远不能进步。自省这面明镜可以帮助我们明是非、知善恶、辨美丑。

自省之后，我们就需要通过自律来帮助自己扭转过去的错误。自律就是一个监督自己的道德法庭，当我们心中有了这个"法庭"之后，就能够约束自己的恶念和不好的习惯，让自己更优秀。

自省这个道德法庭的特殊之处就在于里面只有一个人，自己充当了所有角色：既是起诉者又是被告人，既是审判官又是行刑者。当你发现自己的错误思想和言行并将之陈述于"公堂"之上时，此刻的你就是一名起诉者，而被告的就是你的错误思想和言行。然而摇身一变，你又成了审判官，对照"立法"开始审判自己的思想言行。作为审判官，你应该公正无私，不受外界困境和邪恶的影响，不为快乐、幸福、欲望等情感影响，而是根据自己的"立法"，根据为实现自己的道德理想而行动的道德原则对自己的错误思想和言行宣战。当被告人受到自己内心的审判官的无情谴责选择自我调控、履行道德行为、纠正不良道德动机的时候，你就把握了自己、战胜了自己、超越了自己，实现了道德境界的不断升华。

诸葛亮六出祁山，病死在五丈原。蜀国的老百姓和士卒们得知丞相已死的消息后"皆跌撞而哭，至有哭死者"。后主刘禅闻讯，大叫"天丧我也"哭倒于龙床之上，皇太后听说亦大哭不已，"多官无不哀恸，百姓人人涕泣"。杨仪等运送诸葛亮灵柩到成都，"后主引文武官僚尽皆挂孝，出城二十里迎接，后主放声大哭，上至公卿大夫，下及山林百姓，男女老幼无不痛哭，哀声震地"。

诸葛亮能如此受人爱戴，很大原因就是因为他善于自省自律，虽然身居高位，但是能够严格要求自己。

早在街亭之战失败后，诸葛亮总结此战失利的教训，痛心地说："用马谡错矣。"为了严肃军纪，诸葛亮下令将马谡革职入狱，斩首示众。

虽然失街亭的错在马谡，但是诸葛亮拭干眼泪，又宣布一道命令：对力主良谋、临危不惧、英勇善战、化险为夷的副将王平加以褒奖，破格擢升为讨寇将军。善于自省的诸葛亮斩马谡、提升王平之后，多次以用人不当为由，请求自贬三等，一品丞相为三品右将军，仍尽心竭力辅佐后主刘禅，欲图中原，成就大业。

诸葛亮能够给自己挑毛病，这证明他是一个懂得自省且非常自律的人。由此可见，自律自省是一个人提高个人修养、塑造高尚人格的重要手段。

从古到今，注重道德修养、塑造高尚的道德人格和优雅的气质一直是中华民族修身之道的精髓，做人之道在于明白、追求最高之德，光明正大、公正无私、廉洁奉公，而这些都是以自律自省作为起点和基础的。不会自省就谈不上修身；不会自律，也无从高尚与优雅。唯有自省和自律才会慎言慎行，它是我们每一个走向生活的人的行囊里必不可少的宝物，是承载我们驶向幸福目标的航船。

一个经常自省的人，常常会检视自己的内心，问自己："我今天有什么收获？""我今天的行为都是应该的吗？""我要怎么样才能做得更好？"……经常这样问，就好像把自己当作一件艺术品那样去雕琢、去精心呵护，这样就能让自己更容易成功。

然而，让我们成为艺术品的就是自律自省中形成的良好的修养、高尚的品德和崇高的人格。因此，我们要学会自我批评、自我反省，督促自己改正错误，并长久以往坚持不懈，这样我们就能让自己的人生在不断"雕刻"中价值连城，为人们所尊重和景仰。

此外，自律自省还是引领我们走向成功的阶梯。每个人的成功都不是一蹴而就的，都需要不懈努力，在不断的失败中找出通向成功的道路，而自律自省就是帮助我们打开成功之门的钥匙。我们只要每天反思，寻找到自己每天所做的对与错的言行，逐渐就能厘清思路，走向成功。

因此，一个希望获取成功的人从来不吝啬自律自省。我们要想在学习上有所收获，也必须学会自律自省，正如古人所说："先学而后知不足。"这里的"学"可以扩展为通过学习、反思来提高认识。我们平常所说的"吃一堑，长一智"也是指通过对自身失误的分析、反思来提高自己的认识水平和处世能力，使之达到新的高度，不断接近成功。

在生活中，自律自省还能让我们理解他人过失，发现他人的优点，从而学会宽容；自律自省能让我们发现自己的不足，思考自己的得与失、善与恶、对与错，开展积极的思想斗争，自觉纠正言行偏差，并不断对自己提出更高的道德要求，完成从自发到自觉、从外表到内心、从被动到主动的行为转变，使自己的道德修养提高到一个新的境界，从而使自己成为一个道德高尚的人。

# 怎样才能培养过人的自制力

自律就是在诱惑面前，由你的理智决定你的行为而非你的感情，它常常意味着牺牲一时的乐趣和克服一时的冲动。

某大公司准备以高薪雇用一名司机，经过层层筛选和考试之后，只剩下三名技术最优良的竞争者。主考者问他们："悬崖边有块金子，你们开着车去拿，觉得能距离悬崖多近而又不至于掉落呢？""二公尺。"第一位说。"半公尺。"第二位很有把握地说。"我会尽量远离悬崖，愈远愈好。"第三位说。结果这家公司录取了第三位。

像幸运与灾难一样，诱惑在人的生活中也扮演了它的一个角色。诱惑是无处不在的。

人生总会面临许多诱惑，它之所以被称为诱惑，是它对人具有巨大的吸引力，动摇人们意志，使人们做出违背自己意志的选择。诱惑都是美丽的，它也许是你饥饿时的一块大蛋糕，也许是大把的钞票，也许是梦寐以求的职位。

职场中，诱惑以其更多的姿态出现，如金钱、名誉、身份、地位、不能兑现的谎言等。臣服于诱惑将给我们造成职业生涯和人生的不幸与灾难。认清诱惑，经常性地进行自我盘点，和诱惑保持足够的安全距离，才能保证健康的自我发展空间。

在我们的现实生活中，需要有一种放弃的清醒。在物欲横流、灯红酒绿的今天，摆在每个人面前的诱惑实在太多，特别是对有权者来说，可谓"得来全不费工夫"。这就需要我们保持清醒的头脑，勇于放弃。如果抓住想要的东西不放，甚至贪得无厌，就会带来无尽的压力和痛苦不安，甚至毁灭自己。

野兔是一种十分狡猾的动物，缺乏经验的猎手是很难捕获它们的。但是一到下雪天，野兔的末日就到了。因为野兔从来不敢走没有自己脚印的路。当它从窝中出来觅食时，它是小心翼翼的，一有风吹草动，它就逃之夭夭。但走过长长的一段路后，如果是安全的，它返回时也会按着原路退回。

猎人就是根据野兔的习性，只要找到野兔在雪地里留下的脚印，然后设一个机关，然后恢复表面的形状，第二天早上就可以去收获猎物了。

野兔致命的缺点就是它太相信自己走过的路。

活在世界上，我们必须与各种各样的人打交道，一定会与许多说不清的风险相遇。但是，如果缺乏对自己基本负责的态度，和对内外风险的防范之心，就可能造成生命、财产、情感、事业等多方面的破坏。如何保护自己，让自己的生命、事业等都得到必要保证，这就是基本的生存之道。我们有时会遇到别人对你甜言蜜语，给你种种好处的情况。甜言蜜语使人十分舒适，而种种好处更使人陶醉。然而，最甜蜜的举止，也许是最毒的药物。最大的好处，也许是最深的陷阱。

有许多念头和情感是有毒的，像牛蒡草一样黏在你身上，像蜜蜂一样刺你。不要随意放纵自己，不要轻易向各种诱惑低头，坚持自己的方向与计划，管理好自己的人生。否则，你很可能随波逐流，贪图眼前的一点点安逸享受，而损失掉生活中真正的财富。

那么，怎样才能培养过人的自制力呢？

国外许多心理学家致力于自制力的研究，他们提出了多种培养自制力的方法。其中，"七个控制"的方法值得借鉴。

1.控制接触的对象。选择自己喜爱的伙伴，结识对自己有积极影响的朋友，少接触那些生产负能量的交往对象。

2.控制沟通的方式。沟通的重要方式是聆听、交谈、观察，当你与他人交谈的时候，要控制自己的语言，使对方从你的话语中感觉到尊重并有收获。

3.控制思想。对于大脑进行思考的问题要有所控制，可以进行创造性的想象，而对于忧虑、苦恼则尽量少想。

4.控制时间。无论是工作、娱乐还是休息，都应该有个时间安排，不能想玩时就玩上一天而忘了学习，想学习时就学上一天而忘了休息。

5.控制忧虑。无论周围发生了什么事情，都要保持乐观的精神。

6.控制承诺。不能随便承诺，一旦承诺了的事情就要努力做到。

7.控制目标。科学的目标能帮助你保持愉快的情绪。

总之，如果一个人有比较强的自制能力，那么这个人一定能够战胜自我、远离祸害，时刻感到快乐。如果不幸遇到祸害，他一定能够泰然处之、转祸为福。

## 链接：你是个知足常乐的人吗

知足，就是对事情的状况感到满意。知足常乐，强调的是一种心态，是说要以正确的、平和的心态来对待宠辱得失。

知足心就静，心静自然乐在其中。在这个物欲横流的社会，你能保持一个平和的心境吗？请按照实际情况来选择。

**测试开始：**

1.你是否觉得自己被迫循规蹈矩？

A.是的，有时是这样

B.很少或从不

C.是的，我经常因为必须循规蹈矩而感到沮丧

2.你是否喜欢自己的工作？

A.大多数时候是，但不总是

B.是的

C.基本上不是这样

3.你认为下面哪个词是对你最好的概括？

A.安定的

B.感到满意的

C.不平静的

4.你是否做了一些让你良心不安的事？

A.是的，有时候

B.很少或从不

C.是的，我在这方面很担心

5.你对生活是否抱有一种轻松的态度？

A.是的，对大多数事情是这样。但是，有些事情很重要，不是那么容易放得下

B.总的来说，我的确是采取一种轻松的态度对待生活

C.我不认为自己是一个很轻松愉快的人

6.你是否因为自己的失败而拿别人出气？

A.偶尔

B.很少或从不

C.经常

7.你是否感到自己的生日是在比较幸运的星座上？

A.也许我算比较幸运的

B.绝对没错

C.不

8.你是否已经实现了人生的大多数抱负？

A.是的

B.我现在不能找出特定的抱负需要我去实现

C.完全不是

9.你如何看待未来？

A.有一定程度的理解

B.如果顺利的话，会像现在一样继续发展

C.我希望将来会比过去和现在要好得多

10.你拥有良好的睡眠吗？

A.我努力做，但不总是成功

B.是的

C.通常不太好

11.你是否感到自己有自卑感？

A.可能，有时是这样

B.没有

C.是的

12.你是否认为自己拥有忠诚和稳定的家庭生活？

A.总的来说是这样

B.毫无疑问

C.不是

13.你觉得自己有没有充分享受自己的业余时间？

A.也许我的业余活动没有我希望的多

B.是的

C.没有，因为我没有时间参加业余活动

14.你是否考虑过通过做整形手术来让自己变得漂亮一些？

A.可能

B.没有

C.是的

15.如果让你回顾并且评价自己的人生，下面哪句话最适合？

A.基本上满意，但我认为自己还能够获得更多

B.我要感谢上天的恩赐，因为我人生的顺境要多于逆境

C.我多少会感到有些生气，因为我没有实现自己的人生价值

16.你是否很容易休息放松？

A.有的时候容易，有的时候比较困难

B.很容易

C.一点也不容易

17.你是否已得到人生中应该得到的大多数东西？

A.基本上是这样

B.我认为我得到了

C.我认为我没有得到

18.你是否经常希望自己是另一个人？

A.不经常，但偶尔会认为有些人比我幸运

B.我从来没有认真考虑过

C.我经常希望自己是另一个人

19.如果让你变换生活方式一年时间，你愿意吗？

A.在特定的情况下有可能

B.我认为我不会

**C.是的，我会接受这样的机会**

**20.你是否觉得机会总是从身边溜走？**

A.有时

B.很少或从不

C.经常

**21.你嫉妒其他人的财产吗？**

A.偶尔

B.很少或从不

C.经常

**22.你是否经常因为做得太少而沮丧？**

A.有时

B.很少或从不

C.几乎始终是这样

23.你是否渴望异乎寻常的假期，它可以让你完全逃避现实？

A.是的，有时候

B.假期是不错，但对我来说不是必不可少的

C.是的，经常这样想

24.你是否嫉妒富人或名人？

A.偶尔

B.很少或从不

C.经常

25.你对自己感到满意吗？

A.偶尔

B.经常

C.很少或从不

**评分标准：**

选A得1分，选B得2分，选C不得分。

**结果分析：**

少于25分：你对自己的生活不太满意。

也许你对没有实现自己的人生梦想或者已经精疲力竭而感到非常无奈和痛苦。也许你认为人生太过短暂，你没有足够的时间去做许多你想要做的事情。也许你实在不满意当前所从事的工作，而且在工作的时候你常常会想到许多你真正愿意做的事情。也许你正在经历人生的一个困难或紧张的时期，这种情况是我们每个人都可能遇到的。

如果情况确如上面所述，那么现在正是审视并且评价自己人生的好时候，并且特别要多注意积极的方面，扪心自问得到了什么。也许你拥有一份稳定而喜欢的工作和一个和睦的家庭，这本身就是一种成就；也许你有一项喜爱的运动或业余爱好，而且可以倾注更多的时间从中享受乐趣……所有这些都是值得为之感激的，而不是失望的理由。

25~39分：你对自己的人生基本满意，尽管可能你还没有意识到这一点。

尽管你并不缺乏雄心壮志，但你不会为了追求这些目标而去冒风险，包括危及你自己的快乐和现有的生活方式，以及那些和你最亲近的人。

但是，在你的内心深处，经常会有一种不满足感，因为你自认为可以获得更多，并且因此而多少感到有些遗憾。

尽管如此，你还是认为总的来说自己的目标大部分已经实现，因此，没有理由做任何改变，哪怕许多其他人，例如父母、老师、朋友和同事都急切地告诉你应该怎样对待生活。毕竟，只有当这些目标对你来说很重要时，它们才算重要，因此，你才是自己的首席专家，你才有权决定自己人生的道路应该怎样走。

40~50分：你的得分表明你对自己的生活感到满意。因此，你可能拥有快乐和内心的安宁。正是这种快乐感染并影响了你周围的人，尤其是你的直系亲属。

你是很幸运的一类人，能够找到自己的小天地。你很懂得知足常乐，这正是许多人羡慕你的地方。